suncol r

好懂秒懂的

財務
思維課

《 文理系看得懂、商學系終於通 》
生存賺錢一定要懂的**24**堂財務基礎

知名企業財務顧問 郝旭烈 ——— 著

suncolor
三采文化

各界推薦

財務管理或者是財務報表，對很多人來說可能都是非常專業而且是有點距離感的。

其實我們從小到大，在教育體制當中，並沒有真正對財務觀念有比較系統化的知識傳遞，所以說從一般人到職場工作者，對於財務會比較陌生也就顯得很正常。

但是不管是個人工作謀生也好，又或者是公司創業獲利也好，對於資金或者財務管理是無時無刻都需要的。

所以一本好的書籍，可以幫助我們財務思維或財務知識的建立，從陌生到熟悉，從距離到親近，就是一份非常好的禮物。

旭烈這本《好懂秒懂的財務思維課》，裡面深入淺出的財務三表介紹，生動活潑的案例分享，以及白話親民的遣詞用句，相信可以很容易地帶領大家在輕鬆愜意氛圍當中進入財務的殿堂。

旭烈是我們大亞創投的執行合夥人，也是我們工作的好夥伴，非常樂見此書出版，也希望這本書能夠幫助更多的職場工作者、創業家甚至是希望學習財務的投資理財人員，非常真心誠摯的推薦給大家。

大亞電線電纜股份有限公司董事長　沈尚弘

與「郝先生」認識多年，聊天時總能感受他妙語如珠的背後所潛藏的深層底蘊，郝兄對於複雜的議題既能有條不紊地解釋，又能同時流露滿富智慧的幽默，因此聽聞郝兄要出書，除了好奇他如何維持一貫敬謹的態度外，更期待透過這本書讓更多人分享我所熟識的「好先生」。

此書由 24 個普遍的疑問切入，在各個篇章中點出基本卻重要的財務觀念，透過「郝先生」一貫平實輕鬆的口吻敘述，讓以往認知裡晦澀難懂的財務專業術語更為有趣且平易近人，而這些概念也不單單從財務角度解釋，其中更輔以許多「郝先生」過去服務於不同產業的經驗，讓不同領域的讀者讀來也格外熟悉，觸類旁通。

隨著現代的商業模式快速迭代，財務思維已不限於財務從業人員需具備，反之，清晰透澈的財務思維有助於理財，而財務思維背後的邏輯與分析能力更將有利於推展不同專業。

如果你好奇著繁複的財務知識到底可以如何好懂、又秒懂，那麼相信這本書可以給你很好的範例，一點就通；如果你計畫開啟財務基礎之門卻不知從何著手，那麼這本書更會成為你入門的最佳幫手！

勤業眾信聯合會計師事務所總裁　賴冠仲

郝旭烈，朋友們都會親切的喊他：「小緯」。

清華大學工業工程系畢業之後，進入政治大學的企業管理研究所，服完兵役之後，進入台積電服務。共事的那幾年當中，我對他的認真、負責、擅長溝通，深具領袖特質，留下相當深刻美好的印象。

離開台積電之後，郝旭烈到力晶半導體、淡馬錫集團，以及目前的大亞創投工作，職場上二十多年的經驗，累積的智慧結晶，都在這本書中發揮的淋漓盡致。也因為他曾經扮演過財務經理人、創業輔導者以及投資人等等角色，使得他在這本書當中的敘述，和一般的財務書籍非常不一樣。各位可以從書中的一些很生活化、淺顯易懂的說明，在心有戚戚焉的氛圍當中，很輕鬆的學習財務方面的知識。

譬如：現金流量表（夠不夠錢）活得下嗎，損益表（賺不賺錢）活得久不久，以及資產負債表（值不值錢）活得好不好；又例如：「資本 100 萬元，淨利 1000 萬元＝用 1 元賺 10 元」。這些平易近人的用詞遣句，讓人秒懂這些看起來很嚴肅、很生硬的名詞；字裡行間的幽默與生活化的表達，就算不是財會學系畢業的人，也可以很愉快很輕鬆的看完這本《好懂秒懂的財務思維課》。

許多人都希望自己能夠在「富有的道路」上邁進，可是常常因為財務書籍的枯燥，乏味以及不近人情的嚴肅名詞，紛紛

地從這條道路上退卻，但是「小緯」卻可以用幽默風趣的方式，告訴大家怎麼賺錢獲取利潤並且避開風險。讓我們跟著小緯哥一起，踏著輕快的腳步，悠游在這本有趣的書中，學習怎麼賺錢、怎麼投資、怎麼管理財務。

台積電資深副總經理　何麗梅

這本書用貼近生活日常的舉例再加上簡單清楚的圖解，讓艱澀深奧的財務知識都瞬間解鎖！

斜槓型 YouTuber　柴鼠兄弟

人人都有三張財務報表！只是我們窮盡努力一生，卻從沒好好仔細檢視，使我們錯過搭上財富自由的列車！

每個人都知道財務管理、財務思維、財務報表很重要，但卻極少數人願意花時間去了解自己的財務報表！我認識很多企業經營者、決策者，真的扎實的把自己的「帳本」仔細盤點，用財務思維來做決策的人，十人之中大概不超過二位！絕大多數的企業老闆、企業經理人或專業工作者，總是憑經驗、直覺，輕忽了「財報」的重要性。使得自己拼命的窮忙，卻暴露在巨大風險之中而不自知。

郝哥是我多年的好友，也是我最推崇的財務顧問，更是各大企業爭著邀請的頂尖財務高手。郝哥總是可以把複雜、難懂的財務問題，說得夠白話、夠清楚，經他一說瞬間解惑。郝哥常跟我說：「中小企業抗風險能力低，如果不懂財報，錯誤決策常導致極大的災難。」而且當你職位愈高時，愈容易慣性的用過去的經驗、邏輯去決定一件事，極為恐怖卻常不自知。但對於沒學過正統會計的我，如何快速搞懂財報，活學活用在經營決策上呢？郝哥，就是我常請教的高手中的高手。

郝哥在「大大學院」的線上財報課，已經幫助了上千位企業老闆解決財務難題。隨著這本書的上市，必定能幫助更多人擁有正確的財務思維。全本書每一個章節，都清楚的解決一個財務關鍵問題、提煉財務知識點，同時還有生動好懂的案例解析。對於想要有正確財務思維的職場工作者，本書一方面可提

醒自己做決策時，不要武斷，要用財務思維去做判斷；另一方面當你愈懂財報工具，也愈能清楚自己的價值、產值。

當你擁有這一本好懂秒懂的財務思維寶典，你也將踏上人生財務自由之路！

SmartM 大大學院創辦人　許景泰

五年前的「偶然」我們在紅樓阿卡貝拉的演唱會，經朋友介紹認識，從那一天起，我在他生活中產生了「正面質變」；我帶他騎公路車，他短時間內就完成了陽明山三 P 的比賽，介紹他玩鐵人三項，沒多久他就完成最高階的 226 比賽；我說他太胖，要他多跑步，結果他完成了 42 公里全馬，又瘦了 17 公斤，每一個突破都代表著這個人的心理素質，真不是一般寫書人能夠做到。如今他出書，我一點也不驚奇，因為他就是這種有專業素養，勇於突破，又願意分享的傢伙。他對於知識的傳授，有傳教士的態度──不厭其煩，總是希望用最簡單的方式讓人理解看似生澀的財務課題，這本書就是他的「專業個性」，直白、容易理解，請大家好好享用！

台北旅店集團董事長　戴彰紀

作者序
給你一把輕鬆打開財務領域殿堂的寶貴鑰匙

　　從小在眷村長大，家裡雖不算富裕，但也過得去，後來父親從職業軍人轉任高中教官，母親身為家庭主婦認真持家，帶著我和兩個妹妹日子也算過得安穩。一直到了我國二那年，父親突然罹癌過世，除了失去親人悲痛之外，家中經濟也頓失依靠。還好靠著父親撫恤金讓我們短時間撐了下來，後來母親在教會裡找到了工作，而我和妹妹也靠著半工半讀，讓收入終能夠支撐家裡支出。

　　經此變故老媽把節省儉約發揮到了極致，日常生活物資不敢絲毫浪費，重要的是在撙節支出同時也沒有讓我們感覺生活品質有任何見絀。就這樣一點一滴的把我們三個小孩拉拔長大，甚至還把儲蓄積攢下來的錢，買了間公寓。

　　這一段人生經歷讓我深深體會，理財或者是金錢和資源管理有多麼重要。其實金錢就像陽光、空氣、水一樣，都是一種資源，而理財或者是財務管理，本質上就是一種資源管理。

　　就像人必須要有水，才能夠「活得下」，一如父親離開後留給我們撫恤金一樣，「擁有資源」是一件攸關生存的事情；而就算我們一時有水喝，也最好找到水源地，要「確保資源」，

才能讓自己「活得久」，就像母親後來找到工作擁有收入，就是對金錢的保障；最後必須要居安思危、未雨綢繆，就算找到水源地，也要做個水庫把水給儲存起來，避免乾旱時候沒水喝，這就是「累積資源」，才能夠「活得好」，就像我老媽辛苦的把每一塊錢都認真積攢起來，才能買下遮風避雨、安全無虞的家。

所以資源管理或者是財務管理，個人需要、家庭需要，公司或組織團體當然更需要。事實上所有「專業」，都是從「生活」開始，而所有「專業工具」，其實也都是反映在生活上的問題解決。

回到公司層面，最重要的不外就是金錢管理，也就是財務管理。如果從「資源管理」這個角度看，三個重要專業的財務報表也就非常親民、非常好理解了。

例如**現金流量表**關注的就是「擁有資源」，因為唯有擁有現金，公司企業才「活得下」，如果用白話文說，就是隨時要看看「夠不夠錢」。

損益表關注的則是「確保資源」，因為唯有不斷地賺錢創造收入，公司企業才「活得久」，所以主要看的是「賺不賺錢」。

而**資產負債表**關注的是「累積資源」，因為只有一直把獲利不斷累積，才能夠真正「活得好」，公司累積越多就越值錢，所以看的就是「值不值錢」。

把這幾個觀念整合在一起，就可以理解為何財務思維或報表，可以好懂秒懂。

財務管理：資源管理

財務三表	本質	操作	目的
現金流量表	活得下	擁有資源	夠不夠錢
損益表	活得久	確保資源	賺不賺錢
資產負債表	活得好	累積資源	值不值錢

　　總之，這本書非常生活化、實用且深入淺出，不管你是職場工作者、公司老闆創業家或投資人，甚至是學生、個人，我相信對理財思維或知識建立都會有非常大幫助。就像股神巴菲特最佳夥伴查理‧蒙格所說，每個人一生當中都應該要學習財務。希望這本書可以成為你輕鬆打開財務領域殿堂的寶貴鑰匙，不再談財務管理而卻步，而可以邁向財富自由過好這一生。

郝旭烈 Caesar Hao

目錄

前言
財務管理就是對企業最重要的資源進行管理

我常喜歡說，財務管理沒這麼複雜，它其實就是「資源管理」，就如同人需要陽光、空氣、水和食物一般，企業最重要的資源就是「錢」，所以財務管理就是對企業最重要的資源進行管理，也就是對「金錢」進行管理。

資源管理的目的主要有三：
1. 擁有資源：才能夠活得下。
2. 確保資源：才能夠活得久。
3. 累積資源：才能夠活得好。

譬如人沒有水會渴死，沒有食物會餓死，所以必須擁有水和食物這些資源，才能夠活得下。

但是擁有資源只是一時的，現在有水喝不代表未來一直會有，所以最好能夠找到水源地，確保有水源源不斷，這樣子才能夠活得久。

但是就算走到水源地，也難保不會碰到旱災讓水乾涸，所以最好是要做個水庫，把水累積起來，這樣子才能夠確保資源無虞，讓我們活得好。

同樣的，因為金錢、現金是企業最重要的資源，所以對應

起來財務管理的目的和三張主要報表就可以得到如下的關係：

1. 擁有錢，才活得下，管理現金流量表。

2. 確保錢，才活得久，管理損益表。

3. 累積錢，才活得好，管理資產負債表。

所以說財務管理主要的目的，就是讓企業「活得下、活得久、活得好」；而說到個人，這三個目標又何嘗不是我們追尋的目的？

巴菲特的最佳夥伴查理‧蒙格一生致力推廣學習領域要盡量越多越好，也就是多元思維的模型，而其中他特別強調如果沒有時間學習過多的理論，那麼財務的知識是一定必須要認真學習的對象。另外，《富爸爸，窮爸爸》的作者羅伯特‧清崎曾經說過，如果想要致富達到財務自由，就必須學習財務知識。所以學習財務知識和三張報表，不是專業人士的特權，而是讓我們能夠享受、領略生活之美的最佳利器。

希望藉由這本書來帶大家進入白話親民的財務世界，進而能夠越早達成從活得下、活得久，到活得好的個人財務自由以及快速提升企業價值的境地。

衡量財務思維價值三重點

現金流量表	損益表	資產負債表
夠不夠錢	賺不賺錢	值不值錢
活得下	活得久	活得好

■財報三表
財務管理的三大檢視指標
與經營關鍵

▶本課重點

1 財報三表與職場、創業、投資關係密不可分

2 損益表、資產負債表、現金流量表為財務管理的決策

3 財務三表:代表三個不同目的與財務管理的生存關鍵

　　整個財務思維或是財務管理的重中之重，其實就是三張關鍵的報表：

1. 損益表　2. 資產負債表　3. 現金流量表

　　分別呈現著企業或個人對「金錢」這個資源的管理狀況。

　　1. 損益表：簡單來說就是看到底有沒有賺錢。企業收進來的錢大於花出去的錢就是獲利，反之就是有損失。

　　2. 資產負債表：就是看賺錢的效率跟效能高不高。什麼叫效率？就是賺錢賺得快不快？效能，就是有沒有辦法用比較少的資源，賺得比別人來得多的獲利？

　　3. 現金流量表：它等於揭示整個賺錢最後的結果。尤其是企業或個人要有足夠的錢或現金，才能夠維繫生活和日常的運營，這也就是我們常說「現金為王」的主要意義。

財報三表與職場、創業、投資關係密不可分

　　概略解釋完這三個主要報表跟目的之後就會發覺，不管是損益表的賺錢與否，資產負債表賺錢的效率跟效能，還有現金流量表是否有足夠的錢。這三表的金錢管理，和我們個人、創業家，或者是你要去投資，評估你投資的對象，都有非常密不可分的關係。所以接下來，就針對這三個報表的主要內容，跟大家做更深入的介紹。

財報三表

損益表	資產負債表	現金流量表
收入	資　產　　負債	經營
費用	股東權益 （淨資產／淨值）	投資
淨利		籌資

報表 1. 損益表

首先來看損益表，損益表主要分成三個主要結構：

1. 收入　 2. 費用　 3. 淨利（收入－成本）

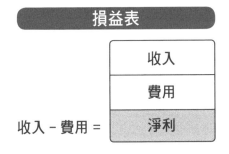

第一個是收入，就是你工作或做生意「收進來的錢」。

第二個是費用，也就是你「花出去的錢」，當然在財務會計上會有更專業的認定，在這裡我們先簡單地把它如此記住即可。

　　第三個就是收入扣掉費用之後的淨利，也就是收進來的錢減掉花出去的錢，所剩下的部分就是淨利。

　　如果淨利是正的，就有獲益；如果淨利是負的，就是虧損，這也就是為什麼這張報表要叫做「損益表」的原因。

　　從這三大結構可以知道，為什麼常常講量入為出、開源節流？入就是收入、出就是費用，所以在一個公司裡面，唯有量入為出，才可以真正讓淨利能夠變正的，能夠賺錢。

　　此外，開源就是收入，節流就是降低成本，所以依照平常日常生活習慣當中的量入為出或開源節流，其實基本上就已經涵蓋了損益表的三大關鍵，也就是收入、費用跟淨利了。

　　在整個損益表過程當中只要關注收入、成本跟費用，自然而然就可以控制你最後想要達到的淨利結果。

報表 2. 資產負債表

　　再來看資產負債表，也有三大結構：

1. 資產　2. 負債　3. 股東權益（又叫淨資產，或淨值）

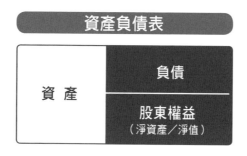

　　資產是什麼意思？資產就是要拿來產生賺錢效益的資源與工具。

　　比方現金是我們最常知道的資產，你有了錢，有了現金，才可以支付員工薪資、辦公室租金、水電瓦斯費等營運支出。或者說存貨，例如原物料、半成品、商品等等，這些都是將來可以賣了賺錢的。還有像固定資產、機器設備，用來幫我們生產商品達到賺錢目的的，也都是資產。

　　這個資產究竟是怎麼來的呢？主要是兩個來源：
　　1、給的或賺的：叫「股東權益」。
　　2、借的或欠的：叫「負債」。

　　先來看「股東權益」，為什麼叫做「給的」或「賺的」呢？通常說做生意一定要開始先有「本錢」，這個本錢不管是自己的或別人的，就是「給」這個公司的，這些出錢的人就叫做股東，他們給錢的目的主要就是希望公司未來能夠分紅，賺得錢比他們給的錢多；另外如果公司賺錢之後分紅分完了，剩下來留在公司的，這個就叫做「賺」的！不管是「給的」或者是「賺的」，都是股東權益，都可以用來採購資產繼續創造更多的效益賺更多錢的資金來源。

　　至於負債，就是向別人「借的」或是對別人「欠的」。例如向銀行或其他金融機構貸款去買廠房或機器設備，這就是你

向銀行「借的」。至於你在做生意的過程中延遲付給供應商的款項，也就是我們常聽到的應付帳款，這就是你對別人「欠的」。

　　不管是借的或者是欠的，未來都是要還的。所以如果負債的目的是為了購置資產創造更多的效益，那麼未來還了這筆負債之後，公司就賺得更多，會有更多的股東權益，那麼這就是個好負債。反之，如果負債不能創造任何的額外價值，就是不好的負債。這個在後面的課程還有更多的介紹。

　　總之，資產是公司或者個人的有價物品，它本身就是用來創造價值的。而其來源可以是負債也可以是股東權益，但是由於負債是要還的，所以認真說起來公司或個人的價值，應該是要把資產扣掉負債之後的股東權益才能夠真正的代表實質的價值。這也就是為什麼股東權益會被稱之為「淨資產」或者「淨值」的原因。

　　因此，衡量企業或者是個人財富最重要的關鍵，並不是收入的多寡，而是股東權益，或者是說淨資產或淨值的持續不斷累積，這才是主要追尋的目標。

報表 3. 現金流量表

　　說完損益表和資產負債表之後，再來看現金流量表，現金流量表也有三大模組，主要是顯現現金變動的來源。我們回頭想一想，關於損益表跟資產負債表，就可以知道現金的變動可以體現在三個部分。

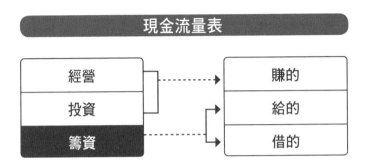

1. 賺的：損益中獲利→企業或個人賺得的錢，不管是經營賣商品服務，抑或是投資，獲利之後你的獲利肯定是你的現金來源，這是第一個主要來源。

2. 給的：個人／股東投資→像是你自己投資公司的錢、其他股東的投資，這基本上就是第二個主要的現金來源。

3. 借的：向外借貸→跟銀行借的、跟金融機構借的，甚至是跟租賃公司借的，就是所謂的負債，也是第三個主要的現金來源。

不管是給的或者是借的，在財務會計上都叫做籌資。

所以從現金流量表來看的時候，現金是我們賴以生存的主要關鍵，它主要來源來自於三個地方：1. 自己賺的。2. 自己給的。3. 別人借的。

損益表、資產負債表、現金流量表
為財務管理的決策

理解完三表的基本架構和定義之後,接著要來說說這三張報表是如何相輔相成,如何來協助看待財務管理的。

在財務管理裡,損益表、資產負債表、現金流量表為財務管理的決策三表,我們叫三足鼎立的重要決策三表,在觀察或管理的時候是缺一不可,如果少看了任何一張報表的相關資訊,都有可能落入瞎子摸象以偏概全的決策失誤窘境。以下舉例說明:

假設有 A 跟 B 兩家公司,我們透過「逐步」檢視他們的損益表、資產負債表到現金流量表,看看對兩間公司的「觀感」會不會產生變化?(案例一)

案例一

A公司損益表

收入	1 億
費用	9,000 萬
淨利	1,000 萬
收入結構	1 億元收現

B公司損益表

收入	1 億
費用	9,000 萬
淨利	1,000 萬
收入結構	1,000 萬元收現 9,000 萬元應收帳款

▲損益表觀點：

如果單看這兩家公司的損益表，A 公司和 B 公司收入都是 1 億，成本 9,000 萬元，淨利是 1,000 萬元。這兩間公司乍看之下一樣好，如果要投資，似乎沒什麼差異。

▲資產負債表觀點：

當再進一步比對 A 和 B 兩家公司的資產負債表的時候，你會發現 A 公司有 1,000 萬元的資本，而 B 公司只有 100 萬元的資本，而兩家公司都賺了 1,000 萬元，這代表什麼意思？

這代表 A 公司 1 元能賺 1 元，而 B 公司用 1 元可以賺 10 元。當然是第二家 B 公司對資本的運用效能大大領先了 A 公司。所以不管你是股東或投資人，當然希望資金能夠做最大的運用。而這個資金運用的回報就叫做「資產報酬率」。

像上述 A 公司資產報酬率就是 100%，而 B 公司的資產報酬率就是 1000%，也就是 A 公司的 10 倍。資產報酬率，也就是資產的運用效能，當然是越高越好的。

A公司	
資本	1,000 萬
淨利	1,000 萬

= 1 元賺 1 元

B公司	
資本	100 萬
淨利	1,000 萬

= 1 元賺 10 元

資產運用效能：A公司 ＜ B公司

▲現金流量表觀點：

　　讓我們再看看加入現金流量表觀點，會有什麼不一樣結果？如果今天 A 公司它的 1 億收入是全都是現金收到的，而 B 公司有 9,000 萬元都是應收賬款，真正收到現金的只有 1,000 萬元。兩相比較一下，會覺得哪一家公司比較好？

　　這時候 A 公司的優勢又顯現出來了，為什麼？現金為王，當你擁有了現金之後，才可以繼續去支付你日常所有的費用；當有了現金之後，你才可以繼續買存貨、繼續買原物料、繼續買商品、繼續做生意。否則就算賺了錢，手中沒有現金，一樣沒有辦法繼續做生意、繼續賺大錢，甚至維繫企業的基本生存。

A公司	
收入	1 億
收入結構	1 億元收現

B公司	
收入	1 億
收入結構	1,000 萬元收現 9,000 萬元應收帳款

現金回收效率：A公司 ＞ B公司

財務三表：
代表三個不同目的與財務管理的生存關鍵

　　從以上的例子分析來看，你會發現一件事情，單單看一張報表，是沒有辦法一下子斷定哪家公司好、哪家公司不好？三

張報表分別代表了三個不同的目的：

　　1. 現金流量表：看夠不夠錢。

　　2. 損益表：看賺不賺錢。

　　3. 資產負債表：看值不值錢（賺錢的效能越高公司越值錢）。

　　結合一下前面我們學到的財務管理就是資源管理的目的，可以給這一個章節有個簡單又好記的覆盤：

	本質意義	資源管理	管理內涵
現金流量表	活得下	擁有資源	夠不夠錢
損益表	活得久	確保資源	賺不賺錢
資產負債表	活得好	累積資源	值不值錢

　　所以掌握了損益表、資產負債表跟現金流量表，就可以分別從損益表的賺不賺錢？資產負債表的值不值錢（你賺錢的效率跟效能）？現金流量表的夠不夠錢？讓你好懂秒懂財務管理的實質內涵。

課後練習

找兩家產品／服務相似的上市公司，比較兩者的財報三表
（如：台積電、聯電）。利用本課的學習，說明哪間公司
比較好？為什麼？

_____

_____

_____

_____

_____

_____

_____

_____

_____

_____

_____

■ 損益表
賺錢還是賠錢？

三個重點讓你掌握賺錢與否的關鍵

▶ 本課重點

1 了解損益結構：收入／費用／淨利（另外還有關鍵所得稅）

2 主要關注收入：開源無限、節流有限

3 降低無效成本：閒置、浪費、損壞

> 做甜點或西點麵包的廚師創業家或師傅，他們常常碰到的問題是，明明所有的甜點或麵包都賣得一乾二淨，但是為什麼最後賺得比別人少，甚至還賺不到錢？

　　前面跟大家分享完了三大主要報表，分別是損益表「賺不賺錢」、資產負債表「值不值錢」、跟現金流量表「夠不夠錢」之後，接下來就把損益表三個重要的課題跟大家做分享：

1. 了解損益結構　2. 主要關注收入　3. 降低無效成本

1. 了解損益結構

　　首先來看看整個損益表的主要結構是什麼。

　　雖然在前面介紹了主要三大結構**「收入」**、**「費用」**跟**「淨利」**，但是認真分析起來，主要的結構裡面還是有一些細項，要再做進一步的闡述。

淨利 = 收入 − 費用

　　第一個就收入而言，不管是商品、服務或銷貨，只要賣出的交易所得，這就是「收入」，這個大家比較容易理解。例如，買菜、買家具、買房、買車是商品交易，住宿、旅遊、諮詢、美容美髮這是服務交易，這些交易所得都是收入。

　　但就「費用」而言，在損益表裡面有三大主要的分類，是大家要知道的，而且它性質不太相同，分別是：

a. 成本　　b. 費用　　c. 稅負

> 淨利＝收入－費用（成本＋費用＋稅負）

損益表		
	收入	＝賺錢
	費用	＝花錢
收入－費用（成本＋費用＋稅負）＝	淨利	

a. 成本

　　成本一般來說就是所謂的「銷貨成本」，是跟著銷貨收入在一塊的，簡單來說就是你有銷貨或交易發生它才會產生，如果沒有銷貨它不會產生。

　　例如你賣個杯子，你跟杯子相關的所有的原物料、包材，這都是跟著杯子它會直接產生的，這個稱做銷貨成本。

b. 費用

　　第二個就是你不銷貨也會產生的花費或支出，就叫做費用，或叫做管理費用，例如今天有一堆員工在這個地方，不管是會計人員、法務人員，甚至是一般行政人員，還有我們常講的研發人員、銷售人員，他們的薪資，這些都是所謂的管理費用。

甚至一些水電、租金，都是就算不賣東西，它一樣會產生的就是管理費用。

　　通常在財務報表裡面會分三大塊叫做「管、銷、研」。「管」，就是一般的後勤管理；「銷」，就是行銷；「研」，就是研發。這些支出跟你有沒有銷貨是比較沒有直接關係的，後面我們也會針對其應該如何管理，進一步闡釋。

c. 稅負

　　第三個部分比較特殊，而且很容易被人家忽略掉的，在後續的課程裡面，我會跟大家專門分享這一塊，尤其是「公司」跟「個人」的財務管理有很大差異，那就是「稅負」，或是我們常聽到的「所得稅」。

　　所得稅什麼時候會發生呢？基本上是你賺錢的時候才會發生，你沒有賺錢的話就不會發生，所以換句話講，當你賺錢的時候，要怎麼樣把所得稅也能夠降到最低，這件事和把你的相關的費用降到最低是一樣重要的。

　　這時候一些不同產業的「稅負扣抵」或是「減免」就很重要，甚至是合理節稅的方法也必須認真考慮，因為，「少繳的稅，就是公司留下的淨利」這是很重要的觀念。

　　就「淨利」而言，理解完費用三個模塊之後，把它和銷貨收入一起來看，就可以知道：銷貨收入扣掉銷貨成本，就得到銷貨毛利。

> 銷貨毛利
> 銷貨毛利＝銷貨收入－銷貨成本
> 毛利率＝銷貨毛利／銷貨收入

我們常會聽到「毛利」多少，毛利高不高？或者是「毛利率」多高？

毛利，講的就是銷貨收入扣掉銷貨成本之後，每賣一個單位，所得到「變動」的單位獲利。

這裡所說的銷貨成本，如果沒賣出去的時候，留在公司裡就是「存貨」，「存貨」既是公司的資產，也是壓力，畢竟存貨是錢換來的，如果不能盡快賣出換成現金，就會造成資金積壓，甚至有過期賣不出去的風險。

所以，銷貨成本雖然和生意直接相關，如果不做生意就不會產生，但更重要的是連存貨都要盡量越少越好，也就是我們常說的「存貨」水位越低越好。

銷貨毛利扣掉管理費用之後，就叫做營業淨利。

> 營業淨利
> 營業淨利＝銷貨毛利－管理費用（管、銷、研）
> 營業淨利率＝營業淨利／銷貨收入

　　管理費用分三大塊，剛說了「管、銷、研」，既然後勤管理、行銷和研發不一定和產品銷售量完全掛鉤，因此我們對這個花費就要特別謹慎，因為一旦生意不好，由上面的公式可以知道，營業淨利就會立刻下降。

　　除非把這樣的費用，盡量變成「彈性」，甚至和銷售能夠掛鉤，之後書中會提到實務上可行的做法。

　　至於研發費用，很多人可能會說，研發一定和產品相關，為什麼不放在銷貨成本裡，主要的原因有兩個：一個是研究發展出來的東西不一定真的會產生效益，另外就是，就算是研發出來也不知道何時會真正變成商品銷售，所以，目前一般而言，財務會計上，都把它直接當作是費用來放在損益表裡面認作當期收入的減項。

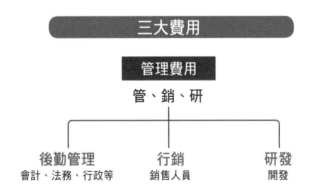

　　總之，損益表的管理關鍵就是，「收入越多越好，成本費用越低越好」，才會讓淨利比較大、比較好、比較多。

2. 主要關注收入

　　了解損益表結構之後，也知道要賺錢，要讓淨利多，就是要「收入越多越好，成本費用越低越好」，那麼要特別關注的到底是收入還是費用呢？

　　在企業內常聽到 Cost down，也就是降低成本，尤其很多人都把成本節約、成本效率當成是台灣競爭力非常重要的一塊，長久以來，就變得好像企業要勝出，就必須把成本降低當成是最重要的使命。

　　但是不要忘記，中國人講「量入為出」、「開源節流」，都把開源跟量入放在前面，開源跟量入講的就是「收入」，所以怎麼樣關注你的收入，事實上才是最重要的一塊。

　　那這樣 Cost down 是錯的嗎？

　　當然不是，Cost down 非常關鍵也非常重要，可是成本是拿來賺錢用的，成本能減到零嗎？如果減到零的話，就不用做生意了。

　　成本基本上再怎麼減，再怎麼降，它也有限，它不可能減到光，減到光基本上就不用營業了。

　　所以真正要關注的話，要以「收入」為先，沒有收入、沒有賺錢，就盡量減少費用的發生，畢竟，只要有錢好賺，就盡量賺，就邏輯上來說，收入是沒有上限的。當然，收入必須大於費用，這樣才會有「利潤」。

　　在討論預算的時候，尤其針對損益表，最常提醒的就是不要只預測了費用，但是忽略了收入，或者編制費用有憑有據，但是到底收入是怎麼去預測的，卻搞不清狀況。

　　最近這幾年，我常常跟一些文創企業家或者是藝文創業家聊天，不管是拍電影或做一個項目，常常請我協助看他們財務計畫，一看之下通常就是非常完整鉅細靡遺的費用預算，就是全都是「花錢」的計畫。然後我就開玩笑的問了：「你預算編得這麼詳細，但是好像缺了些東西？」

　　「缺了什麼東西？」一般的回答都是驚人的相同。

　　「收入啊？收入上哪去了？」我說。

　　「收入很難編啊！收入目前還搞不清楚，所以沒法編制。」通常也都是類似這樣苦惱而又無助地回答。

　　「收入基本上我沒有辦法確定。」

　　「喔！所以收入預算不確定，你就沒有編，但是費用預算你確定了，所以編得鉅細靡遺是嗎？」

　　「那請問一下你淨利怎麼估算？」我繼續追問。

　　這時候大概都是得到一陣的沉默。而我也通常伴隨著的是苦笑，真搞不清楚到底大家要不要賺錢？到底想不想別人投資？

　　所以不要忘記，損益表最重要的關鍵是：收入、費用跟淨利。

　　這三者當中的領頭羊不是費用，不是成本，而是「收入、收入、收入」，重要的事情講三次，沒有人基本上要開展一個業務，要做一項生意的時候是不從「收入」開始的。

　　所以，千萬記得一件事情，當我們在看損益表，如果你沒有辦法確認收入為何的時候，後面所有的成本跟費用，甚至是最後的淨利是沒有辦法估算的。

　　這就是我強調的，損益表也就是做生意的基本，主要關注的要以「收入」為先。至於收入要怎麼預測估算，在後面課堂我們會有更進一步的理解。

3. 降低無效成本

　　說完收入的重要性之後，接著就來講成本了，如果成本還是想要降，那要怎麼降低成本？或是跟老闆彙報怎麼樣能夠節約的話，應該如何做？一般來說最常成本節約的方向主要有三：

a. 閒置成本　　b. 浪費成本　　c. 損壞成本

三大無效成本

閒置成本	浪費成本	損壞成本
錢花下去就空在那沒用，不能帶來任何的效益。如：飯店空房。	使用的原物料沒有善用，浪費太多。如：麵包店丟掉的原物料。	產品做壞所花的成本，包含可能帶來的商機的損失、商譽的損失、重做損失。如：電子業瑕疵品或報廢品。

這三個都是「無效成本」，換言之，你不用擔心減這三個成本會對企業造成什麼樣的問題，因為對企業沒有實質上的效益。

a. 閒置成本

就是錢花下去就空在那沒用，最常看到的就是旅館、廠房，甚至是空在那邊沒用的教室。打個比方，如果旅館有一百間的房間，今天只有 50 間有顧客入住，剩下的這 50 間就閒置了，但是仍有成本發生，包含水電、清潔、人事、租金等等，但是這些成本就沒用了，這 50 間的成本一旦沒用之後，就代表它不能帶來任何的效益，它就是閒置的，是浪費的。

所以現在有特殊的網站就想了個辦法，它把所有旅店「即將被」閒置的空房匯集在一起，也就是每天下午到晚上這個時間，匯集所有尚未被預訂的房間，這時候有需要的人可以上網去用非常便宜的價格，標到這個被閒置的旅館房間。

為什麼酒店或旅館願意這麼做呢？因為一旦「今天」過去之後，這些閒置空房沒有辦法產生效益，這個閒置就是無效的成本，所以透過低價競標，說不定還能為酒店創造收益。

b. 浪費成本

浪費通常會發生在什麼時間或什麼樣的場合？最常碰到的例子就是餐飲業，如做甜點或西點麵包的廚師創業家或師傅，他們常常奇怪的發現，明明所有的甜點麵包都賣得一乾二淨，但是為什麼最後賺得比別人少，甚至還賺不到錢？後來認真一

調查，才發現，原來在整個製造過程當中浪費掉的原物料太多了，「浪費成本」吃掉了原來應該有的利潤。

　　例如，別人用一斤麵粉可以做 10 個甜點，但是如果你一斤麵粉只能做 5 個甜點，那麼就代表浪費了 5 個甜點的成本，如果這時候你定價還跟別人一模一樣的話，你肯定賺得比較少，甚至賠錢，所以無效的成本裡面，第二個最怕的就是「浪費成本」。

c. 損壞成本

　　損壞，在一般的工廠或在一般的生產流程裡面是最常碰到的，像電子業裡面叫良率，什麼叫「良率」？簡單說，就是「做好的比率」。

　　像以前我老東家台積電如果良率是 98%，代表你做 100 個產品，只有 2 個是壞的，其他 98 個都是好的。

　　這良率基本上的重點觀念，不僅僅是那 2 個損壞的成本，因為 2 個也許不多，但是如果今天良率從 98％降到 80％，就代表今天做出來的好產品就硬生生少了 20 個，這樣便沒有辦法交付完整的數量給客戶，那麼客戶可能要繼續等你重新投產到完工，這麼一來一回，可能就要多耗時幾天甚至幾個月，那這個損壞成本，可能就會造成客戶商機的損失以及商譽的損失，當然也就造成自身更大的重做損失。因為重做會造成人力、物料、時間成本耗損，甚至失去客戶的風險。

　　所以從上面的分析可以知道三大無效成本：「閒置成本」、

「浪費成本」、「損壞成本」，是能盡量減少或消弭於無形，盡力將它去除。

　　基本上透過損益表，我們盤點一下有三個主要重點：

　　一、要知道賺不賺錢，要先了解「損益表結構」，特別是成本費用。

　　要知道賺錢或不賺錢，首先要瞭解整個賺錢不賺錢的結構是什麼，就損益表的結構而言，除了收入、費用跟淨利之外，費用可再分三大塊：

　　a.銷貨成本：有銷貨才會有變動成本，沒有銷貨就不會有銷貨成本。

　　b.運營管理成本（管理費用）：包含後勤管理、行銷及研發等費用。

　　c.所得稅費用：賺錢時才發生的費用。

　　二、成本節約固然重要，但真正關注的還是「收入」，因為費用成本再怎麼減，也有一定限度，不可能減到光，只有收入才是有無限放大的可能。

　　三、如果要降低成本，主要關注三大無效成本：閒置成本、浪費成本、損壞成本。

課後練習

我們常常聽到上班族要投資自己提升自己價值，讓自己有
機會成為「斜槓青年」。到底斜槓人生跟投資自己，回到本
堂的損益三大模組「收入、費用跟淨利」有什麼樣的關係？

▪收入分類

收入有好壞之分？

用兩種分類檢視如何設定好收入的目標

▶ 本課重點

1 收入的類型以及何謂「好收入」
2 如何增加收入：學習漏斗模型

> 咖啡機一臺價格是新台幣 56,000 元，只要訂兩年的咖啡豆，每一個月是 2,000 元，總共預付 48,000 元，就可以立刻換得兩年的咖啡豆加上一台咖啡機。這樣對於業者來說是好的獲利方式嗎？

在上一堂跟大家分享了整個損益表的結構，還有告訴大家不能只關注成本而已，不要只 Cost down，更要特別關注「收入」。

那接下來兩堂課，要跟大家分享「收入」這個很重要的議題，告訴大家收入的分類，以及收入是否有好壞之分，還有就是收入是不是規模越大越好？

我會讓大家知道收入的兩種類型，然後從類型當中跟大家分享什麼叫做「好收入」，什麼叫做沒那麼好的收入。然後會告訴大家，如果要增加收入的話，怎麼樣可以從沒有這麼好的收入變成好收入之外，另外可以藉由學習「漏斗模型」檢視一下如何能夠增加我們的收入。

1. 收入的類型以及何謂「好收入」

收入的類型一般來說我把它定為兩種分類：

a. 主營收入和業外收入

b. 恆常收入和專案收入

a. 主營收入和業外收入

首先來看什麼叫做「主營收入」跟「業外收入」。

簡單來看主要銷售的商品和服務就是「主營收入」，其他非銷售或運營得來的收入，就是「業外收入」。

譬如我是一個咖啡店的老闆，如果賣咖啡或是咖啡豆所得到的收入那就是「主營收入」。但是除了咖啡和咖啡豆之外我還偶爾身兼一些創業的顧問，或是去幫別人演講怎麼開店，甚至是偶爾把我們的咖啡店租給偶像劇去拍攝，那麼這些顧問、演講、拍攝租借所得到的收入就是「業外收入」。因為所謂的業外收入，就不是我主要經營的，過程當中不會放置最多心力來經營的經營項目，所以才會叫做「業外」。

在這裡要特別提醒大家，主營和業外收入的分類，在判定是否要在股票市場投資時，也非常重要。譬如，常常看到一些公開發行上市或上櫃的公司，明明在觀察過程中，生意並沒有特別好，訂單沒有特別多，但是收入卻突然暴漲。好多小股民見獵心喜，一下子以為枯木逢春，悶著頭就買了，慘的是，才剛買完了之後，股價就又跌了，等進去再認真分析，才發現這個「突然增加」的收入，它不是一個主營業務的收入，它可能只是透過賣了資產、賣了土地，甚至賣了金融投資，才「一不小心」「一次性的」墊高了它的收入。

雖然一下子看起來是讓收入變高了，可是接下來會不會持

續，這個才是最重要的關鍵，如果它只是一次性發生的收入，是無法為公司持續創造價值，也就沒辦法不斷推升股價，這樣子的股價漲幅，只是曇花一現不能持久，所以在看待投資時，這種收入的增加要格外小心。

換句話說，主營收入才是帶動一個公司能夠持續不斷發展、持續不斷壯大、持續不斷擴張的主要概念。

所以當你今天在投資的過程當中，你要看看它收入的比例裡面，到底主營收入跟業外收入誰占的比例比較高。如果主營收入很高，業外收入較低，代表企業收入健康穩定；若是業外收入比率較高，而且不是可持續性的收入，那麼，不僅企業會讓人有「不務正業」的感覺，收入不能夠持續的風險也會加大。

有人會問我，這樣看起來業外收入一定是差的嗎？我們一定不要去賺所謂的「業外收入」嗎？

當然不是，舉個例子來看，像我以前在淡馬錫工作，淡馬錫就是新加坡最大的一個投資公司，曾經投資了當地非常大的航空公司，也就是新加坡航空公司。新加坡航空公司在很多年的國際航空公司評比都得到非常高的評價，甚至常常是第一名。

漸漸地有很多其他國家航空公司去找新航諮詢、付費、診斷建議，到底怎麼管控一個航空管理？到底怎麼去管控這些航空餐飲？到底怎麼樣把這個航站樓搞得跟 Shopping Mall 一樣，讓這麼多觀光客流連忘返，甚至自己國家的國民都把航站

樓當成是週末逛街購物的好去處？換言之，除了航空本業之外，這個「航空管理諮詢」也成了新航的業外收入來源之一。來諮詢的公司越來越多、頻次越來越高，漸漸就把這樣的一個業務從業外變成了業內，最後成為一個持續為新航創造價值的營收來源。

　　可以發現，主營跟業外，不一定是對立的關係，或者說業外收入不一定不好，它也可能變成一個演化的關係，慢慢的業外收入越做越專業，越做越好，最後變成了業內，也就是主營業務之一。

　　就像蘋果電腦 Apple，它一開始也不是要做 Apple Store 的平台，它一開始只是賣電腦的，最主要的就是賣硬體，硬體才是主營業務。賣了電腦之後賣了 iPod，賣了 iPod 之後想說別人要用 iPod 的話，乾脆把音樂串在一塊，為 iPod 客戶提供內容的服務，就這樣 Apple Music 的 iTune 被發展起來了；接著 iPod 繼續發展之後變成了 iPhone，iPhone 裡面的應用軟體也是對智慧手機客戶重要的服務內容；那麼把所有的音樂擴張成變成軟體，不就是 Apple Store 了嗎？說到底，這就是企業演化的歷程與力量。

　　所以，所有的主營業務、所有的業外業務，都是個階段性的過程。

　　如果一項業務本身跟你的主要業務相關的話，業外的收入

會慢慢變成主營的業務，那就會變成是一個好收入；但如果這個收入純粹只是一個業外一次性的交易，就像一般常看到的賣土地、賣資產、賣股票等等，想要藉此衝高一下營收，但如果沒有辦法持續的話，那基本上就不是好收入。不管你自己本身是公司的領導者也好，或是你要去投資公司也好，這都是必須要特別注意到的。

b. 恆常收入和專案收入

接著來看的收入分類是「專案收入」跟「恆常收入」。

專案收入是交易一次完畢，拿到收入就要重新歸零再找客戶，必須再有交易才會再有收入。簡單講就是一次性商品或服務的交易，例如你賣一台車會收到佣金收入，這是一次性的，你必須繼續賣第二台車才會再有收入進來。

而恆常收入是賣一次完畢會一直都有的收入，舉個例子，訂雜誌一次訂兩年，接下來這 24 個月你都有收入了。所以，恆常收入的一次性交易，其收入可以跨度比較長的時間。一般常見的會員制的運動中心、俱樂部，或者是訂閱制的雜誌、書報以及音樂等等都是屬於這一類型。

我們都知道企業追求永續經營、累積價值還有持續現金流，所以顯而易見，恆常收入的型態要比專案收入來得好、來得穩定。

　　就企業而言，甚至是個人職場而言，最好是把所有的收入，都從所謂的專案收入變成恆常收入，才會「交易一次，收錢久久」。

　　你可能會問，在我們身邊有沒有這樣的案例？當然有啊，像手機就是這樣的交易型態的轉變。手機本身是硬體，賣一台之後就要等下次的交易，是屬於專案收入類型。但是一旦跟網路接上跟電信商接上之後，交易型態就變了，只要「綁約兩年」的手機電信費用，你會發現手機免費贈送或是低價直接買。實際上，手機不是真的低價或不用錢，只是電信商和手機商合作，把手機一次性的交易，結合電信費的繳交，包裝變成恆常性的收入，這樣一來，原有電信廠商可以把收入的年限拉長，而手機業者也可以透過電信商有更多的通路，以及將手機收入結合電信收入，把一次性收入變為較長時間收入的好處。

　　所以如何把專案收入變成恆常收入，也就是一個把比較沒那麼好的收入型態，持續不斷累積變成好收入型態的過程。

　　我的一個好朋友，他是專門做咖啡生意的，他主要的產品是販賣咖啡機還有咖啡豆；他一直思考著如何能夠把手機這樣的一個模式，運用到他的這個生意上面；後來他就想了一個方法，就是「訂咖啡豆，送咖啡機」。

　　那這有什麼好的一個吸引效果呢？（以下的數字是假設數字，並非實際數字）

　　例如咖啡機一台價格是新台幣 56,000 元，而它的成本是

28,000 元，毛利是 50%，而咖啡豆毛利高達 80%，所以他用了一個所謂訂咖啡豆送咖啡機的模式，就是只要訂兩年的咖啡豆，每一個月是 2,000 元，總共預付將近是 48,000 元的款項，就可以立刻換得兩年的咖啡豆加上一台咖啡機。

這樣是不是非常吸引人，非常划算的感覺？

而這 48,000 元的咖啡豆，成本不到一萬元（9,600 元），毛利高達 80%，所以這兩個加總算起來，就等於是 9,600 元的咖啡豆，加上 28,000 元的咖啡機，37,600 元的成本，但是收到了 48,000 元的收入。（案例）

案例	成本	售價	毛利
咖啡機	28,000	56,000 （贈送）	50%
咖啡豆	9,600	2 千 X 24 個月 48,000	80%
	37,600	48,000	

這樣子交易的方式，基本上有兩個很重要的獲利關鍵：

一、成功的把一次性咖啡機這樣的專案型的收入，導向了

持續性的咖啡豆的收入。

二、把一個毛利 50% 的一次性的咖啡機的收入，導向了毛利高達 80% 的產品收入。

尤其咖啡豆是比咖啡機交易頻次來得高的商品，通常「高頻剛需」的商品，比較會有較佳的「總資產報酬率」，對公司而言也是比較好的商品型態，在後面課堂，我也會針對總資產報酬率對獲益的重要性做更進一步的說明。

此外，咖啡豆也是一個會養成品牌習慣，品牌忠誠度的商品，就算過了兩年，這樣的方案不在，客戶持續購買或訂購咖啡豆的機會也會非常大。

所以這樣的一個組合，可謂是一舉兩得，算是一個非常好的一個商業模式的改變。

2. 如何增加收入：學習漏斗模型

理解收入的分類之後，就算我們能盡量將收入轉變成較佳的收入，但是怎麼樣才能增加我們的收入呢？在這邊分享的不是行銷增加收入的方法，而是透過財務的思維與角度，去建立收入「數字」之所以累積的系統。

這個系統可稱之為「收入漏斗公式」，主要是透過六大環節，理解收入是怎麼被堆積起來的：

收入漏斗公式
收入＝商品 × 通路 × 流量 × 轉換率 × 客單價 × 複購率

a. 商品

不管是任何的產品或服務，當它一旦開始推到市場上之後，透過包裝，它就變成了「商品」，商品越多，理論上就能夠為企業創造更多的收入。

譬如你是食品製造業，如果只製造一種餅乾，你就只有那種餅乾的收入，但如果你有更多樣化的餅乾，那麼你就會有更多的收入，更不要說如果你又開始把商品拓展到糖果或者是飲料類，那麼商品變多了，理論上收入來源也應該會跟著變多。

b. 通路

　　所有的商品都是透過各種不同的管道，也就是「通路」，來進行販售。譬如線上或網路上的管道，包含自家的網站、各種不同的銷售平台等等，又或者是線下實體的通路，例如便利商店、大賣場、假日市場，甚至是自家開的門店等等。

　　如果一種商品能夠透過各種多樣化的通路進行販售，理論上所累積的收入應該比單一通路要來得更多。

　　當然不同的商品有適合自己不同通路的選擇，這就要看公司自己如何來搭配來組成最適合自己商品的通路策略。

c. 流量

　　在選擇通路的時候，當然最重要一開始看的就是到底有沒有流量。所謂的「流量」，就是來這個通路的顧客或者是人群到底多不多。就像攤販要擺攤做生意，一定是選擇人聲鼎沸，甚至是摩肩擦踵的人群聚集地，譬如夜市、地鐵站附近，或者說是選舉的造勢晚會等等。

　　這也就可以說明為什麼便利商店或者是大賣場常常是重要的通路選擇對象，主要就是因為人流量大，而且人群來訪的頻率比較高，那麼做生意成交的機會，以及提高收入的機率也就變大了。

d. 轉換率

　　所有進入到通路裡面的客人，到最後真正買商品成交的比

率，就叫做「轉換率」，譬如你開了一家店，平均每進來 100 個客人有 10 個人會買東西，那麼轉換率便是 10%；同樣的，如果你自己有一個網站或者是 App，如果每 100 個拜訪你網站的客人，其中有 5 個人會買東西，那麼轉換率就是 5%。

在這裡你就可以發現，雖然每個通路的流量非常的重要，但是真正能夠完成交易的轉換率，才是真正能夠變現，增加我們收入的重要指標。

e. 客單價

前面提到，轉換率才是真正的成交，才會真正的為企業帶來收入，但是轉換率只是說明了來的客人當中到底有多少人買了東西，並沒有說明他到底買了多少金額。

就一個公司而言，如果今天有 100 個客人成交，每個客人都買了 100 元，就可以說「客單價」是 100 元。但試著想看看，既然客人都已經來了、也買了，如果能夠讓他多買一點，也就是提高客單價，那整體的收入不就一次增加了嗎？譬如前面的客單價是 100 元，如果能夠提高到 200 元，那麼整體的收入，一下子就提升了一倍。

試著回想一下，這也就是為什麼常常去便利商店的時候，他們會告訴我們只要買了東西達到多少錢，就可以累積點數；又或者是你明明只需要一杯咖啡，但他會告訴你第二杯半價，讓你一下子不小心又多花了半杯喝不到或者是說現在用不到的咖啡消費。這就是商家在利用提高客單價的方法，對你進行銷售。

f. 複購率

　　客人來了也買了，而且客單價也提高了，但是做生意就是這樣子，我希望你今天來了，明天還能來，最好是天天都能夠來，這樣子我的收入就會源源不絕，一直持續的增加。

　　這樣子讓客戶重複採購的比率就叫做「複購率」，譬如 100 個客人在一週內重複來消費兩次的有 50 個人，重複消費三次的有 20 個人，那麼兩次的複購率就是 50%，三次的複購率就是 20%；只要重複採購的比例越高，照理說也就會增加我們的收入的累積，就像一週去便利商店買一次咖啡和天天去便利商店買咖啡帶來的收入效果後者明顯就是前者的七倍。

　　既然透過漏斗公式，可以理解收入累積的過程，那麼站在財務思維的角度，就可以事先透過我們的分析去預測到底未來的收入可以達到什麼樣子的規模，而且過程當中又要投入多少的資源和成本來完成這樣子的收入規模。

　　這個對我們事先「預算的規劃」和「資金的準備」有著非常重要性的決策依據。另外更重要的是，在實際執行的過程當中，若是每一個環節沒有辦法達到原來的預期，就必須要務實地調整收入目標，同時也降低關聯成本的支出，這才是學習漏斗公式能夠掌握收入影響因素，隨時調整決策最重要的關鍵。

　　我們盤點一下這堂課有兩個主要重點：
1. 收入的類型以及何謂「好收入」
2. 如何增加收入：學習漏斗模型

1. 收入的類型以及何謂「好收入」

收入分類有兩種，主營收入跟業外收入，以及專案收入還是恆常收入。就一個企業而言，最好是主營收入佔大宗，而且收入型態以恆常收入為主較佳。

此外，除了主營收入，也可以讓業外慢慢演化主營收入也是企業成長的一個方向；另外，可以採用訂閱經濟或者手機綁定話費的方式，把專案收入變成恆常收入。

2. 如何增加收入：學習漏斗模型

持續提高銷售機率跟銷售來源，讓收入越來越高，也不斷進行修正，使計畫與執行的差距越來越小，在提升收入的同時，降低經營的風險。

收入漏斗公式
收入 = 商品 × 通路 × 流量 × 轉換率 × 客單價 × 複購率

課後練習

我們常會聽到主動收入跟被動收入，主動收入就是你要幹活才能拿到的收入，而被動收入是指不用花任何的勞力時間，就會有持續不斷進來的收入，藉著本堂學習的收入類型與漏斗公式，思考看看如何增加我們的「被動收入」？

■ 收入規模

收入越大一定越好？

三個重點讓你的收入越大越好

▶本課重點

1 獲利要高

2 收現要快

3 先大後賺

有兩家公司，一家叫做 A 公司，今年的收入是 1,000 萬元，然後淨利是 10 萬元；另外一家 B 公司，收入是 100 萬元，而淨利也是 10 萬元，你覺得哪家公司比較厲害？

上一堂我們講的是怎麼樣的收入才是好收入，也就是收入的品質，還有就是怎麼樣規劃收入，讓收入能夠達到目標持續不斷地擴大。

所以照這樣子看起來，收入一定越大越好嗎？我想很多人心目中答案一定是肯定的，但在這一堂學完之後，我相信大家會在心中了解到需要有三個先決條件，只有在這個先決條件的成立之下，收入越大才會越好。

然而如果沒有辦法做到這三點，就千萬不要盲目的追求收入變大，因為越大的收入，很可能反而讓我們陷入更大的風險當中。

這三個關鍵重點或者說是先決條件為：

1. 獲利要高　　2. 收現要快　　3. 先大後賺

1. 獲利要高

首先來看看什麼叫做獲利要高？

還記得損益表裡面有三大模組嗎？分別是收入、費用還有淨

利。其中收入是收進來的錢，收入越大代表收進來的錢越多，當然是件好事，但是，更重要的是，我們還有第二個模塊叫做費用，也就是把錢花出去。

換句話說，如果我們的收入規模變大，也就是收錢進來收得很多，但是費用也變得更高，花錢花得更兇的話，那麼我們的「淨利」基本上就會變得很小，甚至有可能是負的，也就是虧錢。

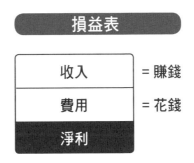

不要忘記，公司真正存在的最主要目的是什麼？不是解決客戶痛點、提供就業機會、擔負社會責任，而是要「賺錢」，這個賺錢不是指把收入做到最大，而是要「獲利」。唯有獲利，企業才能夠一直持續的活下去、活得久，也才能夠確保員工的工作和對社會進行回饋，並真正一直提供好商品、好服務給客戶，解決客戶的痛點和問題，所以說如果沒有賺錢沒有獲利，所有的事情都免談。舉個例子：

假設有兩家公司，A 公司，今年的收入是 1,000 萬元，淨

利是 10 萬元；B 公司，收入是 100 萬元，而淨利也是 10 萬元。在這種情況之下，你會覺得哪家公司比較厲害？是很高收入的 A 公司嗎？因為 A 公司的收入規模是 B 公司的 10 倍？

當然不是，顯而易見的是 B 公司比較厲害，因為只用了十分之一的收入，就創造了和 A 公司是一模一樣的獲利，換句話說 A 公司的淨利率是 1%，而 B 公司的淨利率是 10%，所以，B 公司的賺錢效能是 A 公司的 10 倍。（案例一）

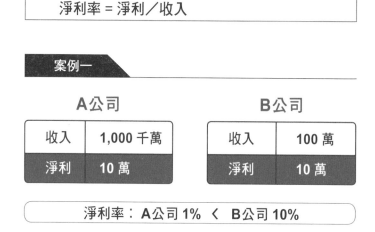

另外要提醒大家的是，獲利高會帶來什麼樣額外的好處呢？主要有三點：

好處一：可用少量資本創造利潤，風險較低
如果獲利比較高的話，我就可以用比較少的本錢，賺到和

你高資本一樣多的淨利，換言之，我在一開始創業或者是啟動生意的時候，就不用一下子投入這麼多的資金和本錢，就整個創業風險而言就大幅的降低了。

好處二：避免受匯率、利率變動所影響

看看案例一，若淨利率只有 1%，當外在經濟環境沒有什麼太大變動的時候，如果收入大，這 1% 還可以穩穩地賺著；但是如果是經營進出口貿易，或者是有向銀行金融機構借貸，不管是匯率，或者是利率的變動超過 1%，很可能就將所賺的淨利給全部吃掉了，由此可見，低獲利的危險以及高獲利的必要性了。

好處三：得以因應市場的風吹草動

如果你的獲利很低，才賺這麼一丁點，當碰到市場真正有什麼風吹草動的時候，也就是我們常講的「系統風險」，譬如全球化的疫情讓經濟停滯，或者是幾十年一次重大的景氣蕭條。在這種情況下，我們可能就沒有什麼降價的空間，或取得更多利潤的機會，也就很難度過這樣子的一個市場寒冬，很容易就撐不下去而讓企業走向滅亡。

所以，從上面獲利高的三個好處我們可以知道，不要光專注在把收入的規模變大，而同時也要關心獲利是否夠高，這樣一來不僅可以降低經營的風險，也可以避過市場上激烈的競爭，有更好存活的機會。

2. 收現要快

第二個重要的關鍵就是收現要快，也就是完成交易之後，能夠趕快把賺到的收入給放到自己的口袋裡面，而不是用「賒帳」的方式去賺到錢。

這樣子一來，不僅僅讓你賺到錢、收到錢，身邊隨時有現金可用。更重要的是，快速的把錢收回來會讓資產報酬率變高，也就是賺錢的效能會提升。接下來再舉個例子，你就會有更進一步的了解。

譬如 A、B 兩個公司的年收入都是 1,200 萬元，A 公司是在年初做了一筆訂單，到年底才收錢；而 B 公司是每個月做 100 萬元訂單，每個月收現金，到了年底兩個公司結算，都是收入 1,200 萬元。（案例二）

案例二

A公司

收入 1,200 萬
1/1 賣出，12/31 才收到 1,200 萬現金
一年內無現金流動
需保留 1,200 萬營業資金

B公司

收入 1,200 萬
每個月初收到 100 萬現金，累計 12 個月，共 1,200 萬
一年內連續做了 12 次生意
僅需 100 萬營業資金

這時候最大的差異就發生了！

因為 A 公司在過程當中都沒有任何的現金進帳，所以必須要有 1,200 萬元的營業資金（假設這邊收入 1,200 萬元就是 A 的營業資金），但是 B 公司只要有 100 萬元就夠了，所以兩家公司的資金準備就有了巨大的差異。

不要小看這個資金準備的差異，就中小企業而言，如果你的資金回收快，除了代表現金充裕之外，一旦遇到市場上的生意機會有所變動，你也可以快速的修正，而不會像 A 公司一樣，因為帳款積壓在客戶那裡，就算商業方向想要做調整也無能為力。

另外，如果兩家公司到年底結算都賺了 120 萬元，因為 A 公司本錢是 1,200 萬元，所以資產報酬率是 10％；但是 B 公司的本錢是 100 萬元，所以資產報酬率是 120％。B 公司的資產使用效能是 A 公司的 12 倍。

在這裡我們還沒有考慮 A 公司是否有足夠的自有資金，如果資金不足的話，還必須擔負向金融機構借貸的利息費用，這麼一來獲利可能會進一步的下降。

所以現金收得快有三個重要的好處：
- 不用準備太多資本，風險較低。
- 可以有較高的資產報酬率，資產使用效能高。
- 不用支付過多的利息費用，提升獲利。

3. 先大後賺

　　所謂的先大後賺，就是先把自己做大了，成為市場的霸主，逼退競爭者，再慢慢用其他產品或提高價錢把錢賺回來，有人把它稱之為「焦土策略」。換句話說，就是先求成長不求利潤，等到成為市場領先者及價格主導者，再把利潤給賺回來。要特別說明的是，這樣子的一個策略是有很大風險的，最重要的關鍵是「現金流」要跟得上，要不然還沒有做到最大，就死在半路上，接下來就什麼都賺不到了。

　　這種把收入做大的策略，其實是一種「增加流量、沉澱存量」的做法。或許一開始獲利不是很高，但是藉著把收入做大，累積很多客戶之後，就有機會把其他獲利的商品推給客戶。

　　例如多年以前有一家知名的大型連鎖超市，一開始的時候，就是用低價吸引了很多的消費者，等規模越來越大之後，就可以有更好的產品議價能力，取得更低的進貨成本，獲利就可以提升。

　　抑或是我們熟知的亞馬遜 Amazon 的「飛輪效應」，其實也是一樣的效果。同樣用低價去吸引客戶到網站上面去採購商品，當客戶的量越來越大具有一定的規模之後，就可以吸引更多的供應商進行議價來壓低所有的進貨成本，然後再把這些成本的節約，持續不斷地在價格上給客戶優惠，繼續吸引更多的人來網站上消費，這樣子形成一個正向循環，就像飛輪一樣越推越快，做得越久效益越大，這就是所謂的飛輪效應。

　　擁有巨大的市場客戶，也擁有了強大的產品進貨議價能力，就能夠逐步推升獲利，這才是先大後賺最主要的精神所在。

　　當然，就像前面曾經說過的，這樣子的策略要成功的前提條件是，你要確定能夠拿得到市場，而且在過程中現金流一定要跟得上，要不然就是不成功便成仁了。

　　再將本堂課覆盤一次：收入越大不一定越好，要搭配三個重點，才會讓收入越大越好。

　　1. 獲利要高：代表資金運用的效能高。

　　2. 收現要快：代表資金運用的效率高。

　　3. 先大後賺：是一種市場通吃的焦土策略，要謹慎為之。

課後練習

如果你是業務副總,老闆要求你明年銷售業績要翻倍,也就是收入要做大,你會透過今天的學習,怎麼樣來和老闆訂定明年的銷售目標?

_____

_____

_____

_____

_____

_____

_____

_____

_____

_____

_____

■ 成本效益

不確定能賺錢，該不該花錢？

三種方式降低企業經營的風險

▶ 本課重點

三種「階段性花錢」的方式

1 派遣——人

2 外包——工作

3 租賃——設備

日劇《派遣女醫》中的女醫生，通常都是處理非常艱深的疑難雜症，每次費用都非常非常的高，大約一次100萬元，若要養一個這樣子的醫生一個月薪資至少要300萬元，但每個月這種難處理的病症可能不多，如果你是醫院院長，你會想用甚麼方式與她合作呢？

前面講完損益表三大模組的「收入」之後，要正式進入費用這個部分。

在這堂課一開始要講成本效益，這是一個非常關鍵的問題，尤其常常會聽到別人問，如果今天要花錢的話，但是並不確定花下去的錢是不是一定會有效益、是不是一定賺錢？那到底該不該花這個錢呢？

我常常在企業上課的時候講到這個主題，很多老闆甚至是主管都非常的開心，因為他們也經常會跟屬下講同樣的話，那就是：「你到底為什麼要花這個錢？」

如果今天都搞不清楚花費到底能不能產生效益，那是不是能有一個方法來解決這樣子的問題？在這裡跟大家分享一個非常有價值的觀念，我把它稱做為「階段性的花費」。

所謂「階段性的花費」，就是不要把錢做一次性的支出，而把所有的花費切分成不同的小階段，在每一個小階段裡面去看看原來預期的效益到底有沒有發生，如果效益都持續不斷發

生，我們的花費跟著效益持續不斷地累積也就值得。但是如果每一個階段的花費沒有得到預期的效益，那麼我們可以隨時喊停，也就不會因擴大的花費而遭受過多的損失。

接下來介紹三種「階段性的花費」，並且用案例說明這樣子的方式如何可以降低經營上的風險，避免造成成本太高但效益不如預期的損失。這三種方式分別是：

1. 派遣　　2. 外包　　3. 租賃

1. 派遣 ── 人力

派遣，主要是對「人力成本」方面階段性的花費，所謂的派遣，其實就是我們一般講的非正式員工，只是因為特定的任務或特定的時間，在企業裡面進行工作，一旦任務完成或是工作期限到了，就離開公司，而公司也就不需要為他的支出繼續負責。

像我本身在創投業工作，常常遇到一些新創企業或團隊，還處在草創時期，就連業務才剛剛起步，甚至是才剛剛設立公司還沒有真正開始進行銷售交易，就很著急地想要把財會人員給招聘進來。

有一次一位總經理請我幫他找財會人員，我就問他：「你們一個月大概有多少的憑證或單據要申報？」他就說：「我們公司才剛剛起步，這部分的憑證和單據不是很多，大概只有幾十張而已。」

　　我告訴他：「這麼少的文件處理，你如果請一個財會人員，每個月至少要花費兩三萬塊，但是你交給外面的記帳公司幫你處理，可能只有幾千塊就夠了，你覺得一定要請一個財會人員嗎？」

　　聽完我的建議之後，這位總經理立馬打消了招聘財會人員的念頭，而採取了找記帳公司「派遣」人員為他們提供服務這種階段性的做法。

　　這並不是說一定不要請一個財會人員，而是目前的業務量還沒有這麼大，請一個財會人員的效益不是很划算，如果當業務量變大，記帳公司的派遣費用幾乎等同於一個財會人員的薪資，那麼這個時候再來思考是不是需要請一個正式的財會人員，感覺就比較符合成本效益了。

　　所以派遣，本身就是一種階段性的花費。

　　記得看過一齣日劇，叫做《派遣女醫》，女醫每次看診手術的費用都非常非常的高，有人就會問了，既然她的薪資這麼高為什麼不自己培養一個呢？答案非常的簡單，就是「養不起」呀！

　　類似這樣子的醫生，通常都是處理非常艱深的疑難雜症，如此的病人個案一定不會很多，但是，這樣子身懷絕技的醫師，也一定身價不凡。

　　如果，每一個月才會有這樣的一個病例，如果看診費用是100萬元，但是養一個這樣子的醫生一個月薪資要300萬元，如此就不符合成本效益；可是如果利用派遣的概念，這個具有特殊專長的醫生每次只收你50萬元，對醫院而言每接一個案例就會有

50 萬元效益；而對這個醫師而言，他只要一個月在不同的醫院接到六個案子，就可以滿足他 300 萬元收入的要求，如此一來，「派遣」的這個模式對醫院和醫師供需雙方都是一個非常好的選擇。

2. 外包 ── 工作

外包，就字面上的意思而言，就是把工作包給企業以外的人來做。

像我第一份工作在台積電，就是專門幫人做外包製造的公司。以往的半導體公司譬如說 Intel，他們自己設計電子產品，然後自己有工廠可以進行製造。一般而言，電子產品的設計需要的機器設備成本不會很高，但是一牽扯到製造，機器設備資金的投入就需要幾百億甚至上千億的新臺幣，不是一般公司可以做得來的。

但是電子業裡面有非常多產品設計的好手，只要透過自己的設計就可以把產品的概念推廣到市場上，可是他們沒有足夠的資金自己建工廠去製造，這時候他們就必須要委託類似 Intel 這樣子的公司來幫他做外包的代工。可是 Intel 他們自己有產品設計的部門，如此一來他們的工廠會優先把生產製造留給自己的產品，甚至是客戶也會擔心他們自己設計的產品，會不會被 Intel 給學習模仿了去。

　　Intel 這種既做設計又做製造的公司，就很難與這種純粹做設計的公司有非常好的合作默契，甚至維繫一個互相信任的關係。

　　因此，台積電就把自己打造成一個專門做代工外包的生產製造公司，來協助這些小資本的設計公司，完成他們資金不足但是可以把產品落實生產的夢想。

　　當然，如果一個設計公司，他自己的資金足夠充裕，想要蓋廠房自己做生產，讓自己賺得更多，那也是理所當然的。重點是這麼大的廠房，你有沒有辦法確認你所設計的產品，能夠透過自己的工廠製造產生足夠的效益；在你還沒有辦法確認市場上對你的產品有這麼多需求的時候，不如把設計出來的產品外包給台積電這種專業的公司，如此「階段性」的花費，而不是一下子跳到花大筆錢去開工廠，自然會降低經營的風險，讓成本可以和效益互相配比。

　　這就像我們常說的，「喝牛奶不一定要自己養一頭牛」，外包除了透過「階段性」的花費降低自己經營的風險之外，如果別人做這件事情所產生的效益比自己來得高，而且這也不是我們主要賺錢或獲利的項目，那麼外包就是一個非常好的選擇。

3. 租賃 —— 設備

　　講到租賃，通常我們腦中浮現的不外乎就是設備或是建築，譬如一般中小企業的辦公室可能都是用租的，畢竟一開始創業要

買一間辦公室，資金的要求實在是太過沉重，先用租的，成本的壓力比較沒有這麼大，這也是階段性花費最重要的精神。

　　像我的一個好朋友是專門是做影音的知識經濟訂閱課程，想當然爾，這些攝影器材的專業程度比我們一般所想像的攝影機、照相機要高檔很多，當然價錢也就不菲。

　　雖說現在的設備都是他們公司自己買的，但是在剛開始創立的時候，一方面資金不足，一方面這樣子的影音製作也是在嘗試階段，所以機器設備就是用租賃的，一直到後來課程被客戶認可，收入越來越多，設備的使用頻率也越來越高，這個時候從租賃改成買入變成自己的資產，當然就變得划算多了。

　　認真說起來，我們搭乘的所有大眾運輸系統也是一種租賃的概念，不管是公車、捷運、計程車甚至是 Ubike，一直到近幾年紅紅火火的 Uber，這些都是租賃的概念。

　　因為我們不太可能有這麼大的資本去買捷運、去買公車，我們也不可能有這麼大的資本在各個不同的地方，隨時設置Ubike。因此這種交通工具的交易形式，其實本質上就是一種租賃，讓我們在需要的時候才使用它並進行付費，這樣子就可以降低購置的成本和提升使用的效益。

　　最後簡單盤點一下，不管是企業或者是個人，如果不確定花費一定能產生效益的話，就可以透過三種「階段性」的支出，

讓花費盡量能夠匹配效益，降低經營的風險，分別是：

　　1. 派遣——指「人」方面，請公司外部的人力來協助完成，確認效益後，再把成本慢慢花出去。

　　2. 外包——指「工作」方面，自個做沒有別人做來的效益高，當效益高時，才回到自己做。

　　3. 租賃——指「設備」部分，初期用租的，以逐漸確認設備跟收入能互相匹配。

　　唯有隨時檢視成本符合預期效益，並用階段性的支出，達到企業的獲利目標，這才是公司永續經營、規避風險、穩定發展，並追求價值最大化的應有體現。

課後練習

反向思考派遣、外包、租賃公司，其是如何去賺你的錢，來維繫他們的生計呢？

■ 成本節約
花錢一定越少越好嗎？

兩個成本管理天條和三種必須特別小心的成本節約

▶ 本課重點

- 成本管理的兩個天條
  1 該少的成本不能要（Cost down）
  2 該要的成本不能少（Value up）

- 三種必須要特別小心的成本節約
  1 品牌建立：搶佔心智空間
  2 技術研發：提升公司價值
  3 人力資源：關注效益配比

為了符合老闆把成本降低的期望，除了裁掉一些員工
之外，原物料也盡量用便宜一點的，大部分的人應該
分不出來產品的差異吧？

前面一堂課提到了成本效益，其實在我們的心中常常根深蒂
固的大概都是怎麼樣節約成本，所以這一堂就來談談成本節約這
個主題。在這個主題開始之前，先要跟大家釐清一個觀念，那就
是成本是不是一定越少越好？

成本管理上重要的兩大天條

很多人一聽到這個問題一定不加思索地說：「成本當然越少
越好啊」，畢竟，我們不是常常把 Cost down，也就是成本節約
掛在嘴上嗎？有哪個老闆不希望能夠持續的把成本一直降低？

說實話，我們周遭很多公司，都已經被這種以「成本降低」
作為主要競爭優勢的策略，給壓得喘不過氣了。

但是前面我們也曾經提過，成本降低是有一個極限的，如果
一味地降低成本，損害到品質，間接影響到客戶滿意度，對企業
還會是件好事嗎？

想想看市場上一些同種類型的商品，為什麼有些品牌就可以
收取比較高的價格，而客戶們也願意買單？顯而易見的這些品牌

並不是用低成本、低價的方式去吸引客戶，而是用提高「附加價值」的方式尋求客戶的認可。這種增加附加價值的策略，在提供商品或服務的時候，不僅不一定會降低成本，甚至可能會增加成本來滿足客戶更高的價值需求。

　　所以我常常喜歡分享兩個在成本管理上面真正重要的天條，分別是：

1. 該少的成本不能要（Cost down）

2. 該要的成本不能少（Value up）

　　當進行成本分析、成本管理，或者制定成本策略的時候，一定切記要同時考量這兩個天條，唯有把這兩個指導方針同時認真思考的時候，才能夠真正兼顧滿足客戶的需求，和提升公司的價值。

必須要特別小心的三種成本節約

　　接著我們就來看，在耳熟能詳的成本節約當中，有哪三種成本不能隨便亂砍？反而應該反其道而行，關注如何增加成本，以提升其附加價值。尤其是這三種成本，通常都有著特殊的特性，就是效益有「時間延遲」效果，一旦把它砍掉之後，短時間看起來讓公司減少支出，但是長期來看反而會嚴重影響公司的競爭能力，所以在成本控管的時候一定要非常的謹慎。而這三種成本主要是：**品牌建立、技術研發、人力資源。**

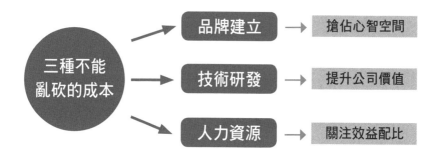

1. 品牌建立

首先我們要來講到有關品牌部分的花費,說到品牌這個事情,其實是一個用戶「心智空間」的搶佔。

通常這個品牌建立的花費,最關鍵的一件事情,就是會有「滯後效應」,就是你把這個錢花了之後,卻不一定一下子就會顯現出它的價值。所以品牌的建立是「台下十年功,台上一分鐘」,當然現在網路時代,透過網紅的崛起,可能在品牌的建立上面會有著不同的商業模式和快速時間的顯現,但是品牌如果要深植人心,無論如何都還是需要有時間和精力深耕的。

所以一般而言,品牌的支出要非常謹慎的控制,不能隨意地減少,否則很容易造成用戶對品牌的認知不清,也就對品牌的價值造成大幅的下降。有三種品牌建立的花費,是需要特別關注的:**1)識別系統 2)廣告曝光 3)展覽參與**

1)識別系統:很多人想到公司的識別形象,就會聯想到譬

如說像是 Logo 或者是名稱。可能會有人說，這個錢我一定花得起，商標註冊就算請律師事務所也沒有多少錢，這個費用是不需要省的。但我在這裡說的並不是這個東西，而是怎麼去「定位」，怎麼去建立在客戶心目中的「品牌形象」和「品牌意識」。

　　舉例來說，如果我問你心目中的前幾名的碳酸飲料品牌是什麼，你可能會告訴我第一名是可口可樂，第二名是百事可樂，至於第三或第四名，可能很多人都不一樣或者是還要想半天。

　　這是因為對所有不同類型的品牌，在我們心中，都有一個類似抽屜的「心智空間」。當你問我「碳酸飲料」這個分類的時候，我就會打開這個心智空間的抽屜，去尋找我記憶中的品牌。而每個抽屜裡我能夠記住的品牌能有個兩三個已經算是不錯的了，很多時候打開抽屜也只不過能記住第一名的那一個。

　　所以，如果想要進入碳酸飲料這個市場，又希望別人能夠記住你的話，應該要怎麼做呢？難不成要跟可口可樂或者是百事可樂直球對決嗎？那麼行銷費用將會是個錢坑，花了大錢還不見得有明顯的效果，這就是成本浪費了。

　　這個時候可能需要在碳酸飲料這個品類下面，另外創出一個子品類，也就是另外劈開一個「子抽屜」，譬如說「運動型」的碳酸飲料，這時候你腦中可能會浮現「紅牛 Red Bull」；又或者說是「提神型」的碳酸飲料，你就會想到「蠻牛」。像這樣子花時間精力和成本去做定位，建立品牌形象和品牌意識，去積極的搶佔用戶的心智空間，就會是非常具有價值的成本花費。

2）廣告曝光：廣告曝光，我相信是大家非常熟悉推廣品牌的方法，記得在研究所念廣告管理的時候，老師就曾經說過，廣告的重點就是一而再再而三地做，直到深入人心變成潛意識的記憶最好。就像「破唱片法」一樣，什麼叫破唱片呢？這是很早期以前的黑膠唱片，常常唱片上面有破損就會造成跳針，也就是同一段歌曲會持續不斷一直重複的播放，如此一來那段歌曲就會讓我們記得特別深刻，這就是破唱片法的意義。

3）展覽參與：在電子業工作的時候，參加過好幾次著名的電子展，包含台灣、香港、美國，德國等等，有的時候就會好奇地問這些老前輩們為什麼要持續不斷的參展，這樣子對生意真的會有幫助嗎？

很多人就會告訴我，參展的目的，當然很多時候是要把產品推陳出新讓大家知道，甚至去觀摩競爭對手還有產業的動態，但是更重要的關鍵，希望大家知道你「一直都在」，這個「一直都在」，就是要客戶從看到你、知道你、記住你，到成為老主顧的必經過程。

從前面這三個角度就可以知道，一個品牌的建立絕對不是一蹴可幾的，是需要有無比的耐心，不斷地累積，在時間的淬煉下發光發熱。也因此在金錢或時間的投資上，不能說斷就斷，或者是有一搭沒一搭的做著，這就是我所說不能隨便成本節省的原因。

2. 技術研發

在技術研發的費用上面有三個重點，是在成本節約上面需要謹慎考量的：

1）費用當期認列　2）提升公司價值　3）研發費用轉嫁

1）費用當期認列：很多人都覺得研發是一個非常重要的核心價值，效益應該會隨著時間慢慢地浮現，再加上所花的費用非常龐大，一次認列的話對企業財務報表損益會顯得不好看，所以如果能夠用分期攤提的方法，似乎比較合乎邏輯，也會讓企業財報的壓力較小。

但是目前的財務會計規則裡面，認為研究發展的效益「不一定」會實現，便保守的規定企業必須當期認列。因此，有的時候也會降低企業投入研發的意願。

所以企業一定要謹慎考量，忍住不要為了短期利益，而大幅砍掉了研發費用。

2）提升公司價值：記得以前在台積電在提到成本節約的時候，老闆常常提醒我：「砍成本和費用，要砍脂肪，不要砍到肌肉」。像研發費用，有很大部分就是企業的肌肉 Muscle，代表的是未來核心競爭力，現在砍得很爽，未來失去競爭優勢就傷腦筋了。在美國曾經有研究報告顯示，每 1 元的研發費用，未來可能會帶來 2 元的利潤增值，甚至對公司估值會有 3 到 5 元的增幅。

3）研發費用轉嫁：另外有一種方式，就是直接把研發成果當成產品來交易，也就是你不用擔心研發費用，可以把它轉嫁到客戶身上，這個通常有一個專有名詞 NRE（Non-Recurring Engineering），中文叫做「一次性工程費用」，尤其當我們要研發一件商品是專門為特定客戶所做的，就可以把這樣子研發費用請客戶來承擔。如果研發成功能夠量產，未來可以將其變成銷貨成本；如果研發不成功，也不用擔負著高風險研發成本。這樣的研發費用轉嫁方式，就相對是一個有價值的成本節約。

3. 人力資源

當我們碰到不景氣的時候，或者是公司經營不善的時候，最常聽到的消息就是藉著「裁員」，來直接降低成本，但是我們要非常謹慎的從三個角度來思考這件事情的影響：

1）意願　2）能力　3）默契

1）意願：人力資源管理裡面有非常多的激勵理論，主要都是要提升員工的工作「意願」，所以當公司的經營碰到危機的時候，本來氣氛就已經不太好了，如果又碰上裁員，對組織的工作意願肯定會有非常負面的影響，甚至會在裁員之後持續影響大家的工作情緒，降低整體組織的工作績效。

2）能力：一般裁員之後，我們都希望留下比較具有能力的員工。但是，最怕的就是會有不當的連鎖反應，因為裁員之後，

很多原有工作可能就會落在留下來比較有能力的人手中，但是這些人能力比較好，承擔了更多的工作，然而因為景氣不好或公司經營不善，也沒有辦法給予他們更多的薪資或是報酬，在這種情況之下對這種有能力的人反而是一種「績效懲罰」，甚至會導致有能力的人形成另外一波出走潮，對企業而言得不償失。

3）默契： 整個組織的「團隊建立」通常要經過四個時期：
A. Forming 建立期
B. Storming 風暴期
C. Norming 規範期
D. Performing 績效期

在建立期的時候，大家因為彼此不熟識，互相彬彬有禮，慢慢進入工作狀態；慢慢熟悉之後，在工作上面會產生摩擦，甚至爭執還有衝突會不斷發生就進入了風暴期；等到彼此多了解之後，可以互相體諒，工作默契漸漸形成，就進入了規範期；直到最後，大家可以有共同的價值觀、文化認同、以及努力的目標，可以創造出 1+1 大於 2 的效果，這個時候就進入了績效期。

所以「團隊建立」是需要時間的，而一個團隊不管是新增成員，或是裁減成員都是需要重新進行團隊建立。在戰力和工作績效上面，都會因為需要重新調整而有所減損，所以有時候看起來裁員會降低成本，但是對績效上面的負面影響，也是需要非常小心的。

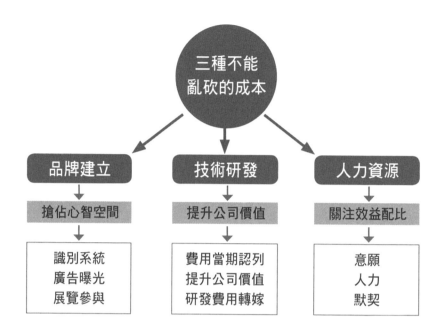

最後我們來覆盤一下，成本節約不一定是成本管理的主要方向，因為提升附加價值，也是另外一種成本策略，所以說成本管理有兩個主要的天條：

1. 該少的成本不能要（Cost down）

2. 該要的成本不能少（Value up）

另外就算要成本節約，但是有些特殊的成本，其效益有時間延遲效果，減少之後可能對短期有利但是對長期反而有害，所以不要隨意降低，這樣子的成本主要有三：

1. 品牌建立：搶佔心智空間

2. 技術研發：提升公司價值

3. 人力資源：關注效益配比

課後練習

透過這堂課的學習，我們知道一些核心競爭力的成本不可
以隨便降低。但是如果我們資源不足，或者是金錢不夠的
時候，要用什麼樣的方法才能夠以「少量的資源」，維持
上述的競爭力呢？

■ 成本時機

花錢還有分先後嗎？

兩種花錢方式，讓你花得心安

▶ 本課重點

- 商業本質是「價值交換」，價值交換三模塊
  1 創造價值
  2 傳遞價值
  3 獲取價值

- 花錢兩大模組
  1 先生產後銷售：收入較難估算，存在庫存、滯銷、過季風險。
  2 先銷售後生產：能夠確保收益，為未來商業導向。

> 有兩家蛋糕店，一家是每天先做出各式各樣不同糕點
> 然後進行銷售，另一家則是接受客人預定且完成付款
> 才進行製作，如果兩家收入都是一樣，假設每天都是
> 5萬元，你覺得誰淨利可能比較高？為什麼？

在商業交易的流程裡面，基本上有兩種不同的順序，其中一個是「先生產再銷售」，其實也就是一般熟知的「做完再賣」流程，但凡一般的商品交易大概都是這個模式，譬如小吃攤、菜市場、成衣店、餐廳、超級市場或各種大賣場，你都要把商品做出來讓客戶看到、摸到、感受到，然後客戶才會買單完成交易。

另外一種則是所謂的「先銷售再生產」，也就是所謂的「預售模式」，就像我們一般看到的預售屋，或是訂製的衣服、訂製的蛋糕、甚至是各種訂閱的雜誌期刊等等，這些都是交易完成之後，商家才開始進行生產製作的流程。

理解完這兩個流程之後，再深入學習一下這兩個流程背後所代表「商業本質」的意義，這也會有助於我們了解成本花費的順序，和可能帶來不同價值的結果。

認識商業本質中價值交換的三步驟

其實所有商業的本質，就是「價值交換」。而這個價值交換

主要包含有三個步驟：

1. 創造價值　　2. 傳遞價值　　3. 獲取價值

　　試著想想，當我們提供東西給別人，不管是商品或者是服務，代表的都是一種價值。就像我們常常說的，一個企業真正關注的是要滿足客戶，找到客戶的痛點，為他解決問題，而這個解決問題和痛點說穿了，也是一種提供給客戶價值的方式。所以所有的企業，開端都是以「創造價值」開始的。不管是生產、製造，甚至是前面曾經提到的研發，都是屬於創造價值。

　　把價值創造出來之後，必須做的第二個動作，就是「傳遞價值」。所以製造完成留在家裡的叫「產品」，因為這只是生產出來的物品，只有把這個產品傳遞出去之後，才會成為「商品」，也就是在商場上具有商業價值的物品。

　　例如當我們把產品或服務，放到網路平台上面，或者是放到便利超商、大型賣場等各種不同實體通路，開始準備進行交易，這就是一個傳遞價值的過程。

　　解釋完創造價值、傳遞價值之後，那企業真正的目的是為了什麼呢？主要的目的當然是希望需要這個商品或服務的人，能夠喜歡這個商品和服務的價值，進而把它買回去，完成交易、支付金錢，讓這些提供商品和服務的公司或企業得到「報酬」，完成了「獲取價值」的過程。

　　上面這三個步驟，或者是說「價值交換」的三個階段，也是商業本質的意義所在。

兩種不同的價值交換流程

從前面的三步驟，大概可以歸納出兩種不同價值交換的流程：

兩價值 交換流程	先生產再銷售	創造價值→傳遞價值→獲取價值
	先銷售再生產	傳遞價值→獲取價值→創造價值

所以不管是哪種交易順序，基本上都符合價值交換的本質。重點是這兩者順序，對企業而言到底有沒有好壞之分呢？其實從損益表的獲利公式我們就可以很清楚的看到：

收入－費用＝利潤

如果能先確定收入，再去花費成本或支出，不僅對利潤的掌控能有所把握，對公司而言，更有現金流管理上的優勢，這在後面章節會再更深入的了解。所以說，先銷售再生產，本來就是個最好的生意模式。

我們老祖宗的智慧也才會說「量入為出」，就這麼四個字，就把上面的獲利公式應該關注的重點表露無遺。

就像前面一堂曾經提到的案例，也就是「一次性工程支出」（Non-recurring engineering；NRE），在表面上是一種研發費用，但是透過交易的安排，把它變成是一種訂製預付的概念，也就把這種研發費用當成「產品」銷售出去了。

換句話說，先確定了收入，有客戶需要這樣子的研發成果，我們已經先「傳遞價值」告訴客戶我們有辦法提供這樣的價值，

然後客戶願意為這個價值買單付費，然後這樣的 NRE 產品讓我們「獲取價值」之後，才進一步開始進行「創造價值」的工作，展開研發的流程。

　　這就是典型的「先銷售再生產」案例。

　　一般而言，我們最熟悉的通常都是先把產品做出來然後再賣出去，也就是「先生產後銷售」的商業模式。

　　譬如一開始先啟動研發，研發之後再開始生產，生產之後再去各種不同的通路把產品鋪出去，這就是我們常說的「上架」。上架之後，就開始持續的行銷，廣告推送，然後當所有的消費者開始進行交易時，公司同時也獲得金錢等應有的報酬。

企業中常見的三個花費風險

　　像這樣先生產後銷售的方式，從金錢投入到金錢回收，有時候時間會拉得非常長久，而在企業裡面最擔心的是在這過程當中會存在很多未知的風險。

　　而所謂的風險，具體的來說就是增加公司的成本和花費，

常見的 花費風險	庫存	要為存貨的管理支付相對應的費用。
	滯銷	賣不出去，沒有辦法獲得原來預期的獲利。
	過季	「過氣」商品，有很大的機率會血本無歸。

一般比較常見的過多花費風險主要體現在三個地方：庫存、滯銷、過季。

1. 庫存

只要是先生產再銷售，就一定會有存貨管理的問題，不管存貨多寡，也不管存貨是要放在自己倉庫，或者是放在通路商的倉庫，一定要為這些存貨的管理支付相對應的費用，這就是所謂的庫存成本。尤其如果對未來銷售的數量沒有辦法做準確的估算，那麼對於所有的庫存管理，就承擔了本身所代表的資金積壓成本，還有為了存放所擔負的倉儲成本，其中包含了空間、人員管理等成本。

2. 滯銷

滯銷，簡單來說就是賣不出去，也就是對於原來銷售量的預期太過於樂觀，在這種情況之下所有的存貨就會變成負擔，這也就是為什麼常常會有低價促銷的原因。這個時候不僅僅是滯銷商品沒有辦法獲得原來預期的獲利，甚至是這些滯銷商品的存貨仍然佔用著庫存管理的空間、人力成本，所以說讓它們存在得越久，對公司的損失也會逐步的擴大。

3. 過季

過季商品，也可以把它當成是滯銷的一種型態，譬如我們常常看的 Outlet，就是各種不同的品牌銷售過季商品的一種通路

形式。但是為什麼要特別把它單列出一項，當作是一種獨特的風險呢？因為有的時候「過季」這兩個字，代表的可能是「過氣」，而這些過季的商品，有很大的機率是血本無歸的。

　　像我有些朋友是專門做手機零配件的，其中有好幾家是專門做手機背殼。手機背殼不僅僅是不同手機品牌的形狀不一樣，就算是同一個品牌，當新的手機不斷推陳出新的時候，機型大小不一樣，也讓舊一代的手機背殼就完全沒有用武之地。

　　換句話說，新一代的手機出來之後，這些過季或過氣的手機背殼，在很短的時間之內，可能就幾乎完全沒有價值。

　　在前面分享資產負債表概念的時候曾經說過，存貨是一種可以產生效益的東西，但是如果存貨一旦不能產生效益的時候，就是一種浪費，就是一種無效成本。

　　從上面的分析可以知道，如果是先做出來再賣出去，也就是「先生產後銷售」，那就很可能會有三種無效成本的產生，分別是「庫存、滯銷和過季」所帶來的無效成本。

　　而且「先生產再銷售」，也很容易陷入一個「收入不明」的陷阱當中。

　　什麼叫做收入不明呢？就是「先生產再銷售」，讓我們對生產的環節，會給予過多的關注，所以包含生產的流程、成本的控制、良率的管理甚至是細節品管的掌控等等，都會很認真的面對。但是等做出來開始要銷售的時候，卻發覺外面的商業環境，要嘛就是變得不一樣了，或者是說和當初「想像的」完

全不同，以致於整個銷售沒辦法掌握，最後就落入了「收入不明」的窘境。但是所有的成本和費用呢？卻都扎扎實實地用掉了。這也是很多中小企業所碰到的困境。

「先生產再銷售」，最怕的就是「埋頭苦幹」，也就是一旦一頭栽進生產的環節裡面，就沒有花太多的心思在銷售環境的變動上面，以至於把所有東西都做出來之後，要準備開賣的那個時點，就變得很被動。只能被市場、競爭者，甚至是客戶所擺布，那麼獲利不如預期也就不足為奇了。

所以說，做生意千萬不要「埋頭苦幹」，而要「抬頭苦幹」，真正隨時看清楚客戶要的是什麼，能真正把東西賣出去才是硬道理。

請記得「銷售」才是重點、「把東西賣得出去」才是重點，如果能夠先把東西賣出去，再來進行生產，這樣不僅能夠降低很多無效成本發生的風險，也可以避免公司資金的積壓，對企業而言無非是一個最好的方式。

線上流行的先銷售後生產的商業模式

近幾年流行的網上「群眾募資」（向大眾來募集籌措資金），其實就是公司先銷售後生產，用來降低經營風險的一個非常好的模式。

　　尤其是中小企業資金不足，有一個商品或服務的想法，但是不確定到底市場會不會買單，或者是說做出來之後的數量和他預期市場買單的數量會不會一致，他都不知道。

　　這個時候就可以先用比較少的錢做出一個樣品，然後把樣品怎麼使用，怎麼提供價值，會適合哪些客戶，為這些客戶解決什麼樣的困擾，提供什麼樣的好處，做成影片及詳細解說的文字，放在網站上面，然後讓大家來「預購」，並設定一個給大家具有吸引力的價格折扣，以及未來的交貨時間，讓大家可以開始來下訂單。

　　這就是所謂「群眾募資」的概念和方式。簡單來說就是向社會大眾來籌集資金。通常這個時候，群眾募資也會設定一個想要達到的「收入目標」。我個人感覺，這就有點像是在玩遊戲一樣，讓所有參與這個活動的人，好像可以一起來共同打怪（共同達到籌資目標）。有的時候對推出產品的公司而言，也會有一種風起雲湧的口碑行銷效果。

　　如果這個訂單的數量實在太少，沒有辦法達到原來設定的收入目標，這時候公司雖然會有點失望但是心裡也應該會喊一聲「好加在」，好險當初並沒有貿然投入過多的生產成本，去生產這麼一塊市場實際上不受歡迎的產品。

　　但如果這個訂單的數量達到或者超過原來的收入目標，這個時候商家去進行生產的動作，也就會非常的篤定。篤定的原因主要有兩個：

　　1）真正「賺到了錢」，因為市場的反應告訴他們這樣子的

需求確實存在，而產品的買單就直接證實了商品的價值。

2）真正「收到了錢」，因為做生意賺到了錢固然高興，但是真的收到了錢，看到了現金才是王道。尤其有好多企業的應收帳款到最後都變成了「壞帳」，結果是賺到了錢、收不到錢，想想還不如當初沒有賺這筆錢。

除了上面說的群眾募資之外，現在中國例如杭州或是其他各個不同地方的「網紅」，不少也是這種「先銷售再生產」的商業模式。很多網紅在螢幕前面，拿著衣服、鞋子、包包等各種商品，詢問在螢幕前面的所有粉絲他們對這個商品的喜好是什麼，然後一邊介紹商品，一邊和粉絲互動，然後一邊修改商品。直到大家都滿意了，都開心了，而且幾乎到達了一個非買不可的激昂情緒，就讓大家掃碼支付下單了。

在這個網紅後面支撐的是一整個龐大的生產供應網，透過「網絡協同」這樣的商業模式，網紅後面的幾十家甚至幾百家的供應商生產商，就可以在幾個星期甚至幾天之內就完成製造、包裝、物流，然後直接交貨。

在這「先銷售再生產」的過程裡面，幾乎是沒有存貨、滯銷或者是過季成本風險的發生，就算是有少許的原物料或成品存貨，但是因為分散在眾多的生產供應商裡面，也大大降低了這種存貨的風險。

另外我們熟悉的「預售屋」，更是一種傳統存在的先銷售後生產的典型案例。就建商而言，如果他要把房子全部都建設完成

再去賣，那麼所承擔的資金壓力和房價的波動風險未免就太大。

　　所以最好的方式，當然就是在開始建設之前就把大部分的房子都賣出去，如此一來，不僅有足夠的現金可以支付所有的工程建設款項，未來就算房價有所波動，也不會因為手邊資金不足，而把自己逼得不得不降價求售的窘境。

　　總之，就企業而言要真正能夠完成交易，達到價值交換的「獲取價值」，必須要經過兩個步驟：

　　第一個是「做得出來」，也就是所謂的研發跟生產製造，而這對應著價值交換的「創造價值」。

　　另外一個就是「賣得出去」，也就是販賣商品、銷售商品，而這對應著價值交換的「傳遞價值」。

　　最後我們總結覆盤一下，價值交換有三個步驟：

　　1. 創造價值　　2. 傳遞價值　　3. 獲取價值

　　而這三個步驟對企業而言，終極目的當然是完成交易，才能夠「獲取價值」，也就是得到他想要的收入或者現金流，那企業所對應的經營流程和花錢順序就有兩種：

　　1. 做得出來再賣得出去：先生產再銷售（先花生產費用，再花銷售費用）。

　　2. 賣得出去再做得出來：先銷售再生產（先花銷售費用，再花生產費用）。

　　其中，做得出來是「創造價值」；賣得出去是「傳遞價值」。

就企業而言，賣得出去，收到現金才是王道，所以任何的生意、任何的商業模式，如果能夠朝向「先賣得出去再做得出來」的「先銷售後生產」模式靠近的話，將會大幅降低經營的風險，也才是真正滿足客戶需求，以客戶為中心的最佳體現。

課後練習

「精準營銷」、「精準廣告」的主要目的？可提供的價值為何？與本堂所學的關聯之處？

_____

_____

_____

_____

_____

_____

_____

■ 成本特例
損益表看不到的重要成本

兩種重要成本，幫助我們更有智慧做好成本決策

▶本課重點

損益表看不到的兩大重要成本

1 機會成本：決策後所放棄的其他獲利機會
　A.做決策時，應思考是否放棄其他更好的獲利機會。
　B.針對「有形」與「無形」的價值進行評估。

2 沉沒成本：不影響未來決策的非攸關成本
　A.避免「損失厭惡」影響抉擇。
　B.當已投入的成本不再產生價值，切勿因之影響未來決策。

一對夫妻擁有一間店面,並開設電器行,一個月賺 8 萬元,但若是當房東收租,一個月可以收大約 10 萬元,換成是你,你會想要老闆還是當房東?

　　在這一堂要來分享兩個在損益表或其他資產負債表、現金流量表裡面沒有出現的概念,但卻是在企業經營,甚至是個人生活職場非常重要的成本項目,分別是:

1. 機會成本　2. 沉沒成本

損益表看不到的兩大重要成本

機會成本	沉沒成本
決策後放棄 其他更好的獲利機會	已發生的成本 且無法回收

1. 機會成本

　　首先來看看什麼叫做「機會成本」?簡單來說,就是當我們做任何事情的時候,一定會使用相對應的資源,那麼這些所使用的資源如果投入在其他地方,所有能夠產生最大的效益,就是機會成本。

如果用日常生活來舉例，中午你用 100 元買了一杯咖啡跟一個麵包當作你的午餐，而放棄平常你可能會用 100 元去吃一碗你喜歡吃的牛肉麵，那麼這一碗牛肉麵對你所產生飽足感和滿足食慾所產生的效益就是你的機會成本。

又或者說早上用了一個小時去操場晨跑，而放棄用一個小時繼續睡覺，或者是一早起來用一個小時滑手機，那麼你因為跑步所放棄掉的睡眠，或滑手機的愉悅，就是你的機會成本。

就個人職場而言，如果正常上班是 8 小時，但是你另外又加班了 4 小時，而這 4 小時是你回家可以吃晚飯陪老婆小孩享受天倫之樂的時間，那麼這 4 個小時的你，所放棄掉的回家團圓開心時光，就是你的機會成本。

如果就投資或企業經營來說，例如你有 100 萬元去做生意，經過了一年之後，你的淨收入是 1 萬元，就代表你的獲利，或者說是淨利率是 1%，換句話說你一定會感覺你是淨賺 1%。

這時候我告訴你，如果你把這筆錢放在銀行裡面做定存，利息收入可以是 3%，你還會覺得你做這生意的淨利是 1% 嗎？

因為你忙了半天，才賺了 1%，但是如果放在銀行就可以賺到 3%，看起來你比存在銀行還少賺了 2%，是不是會覺得當初做生意，還不如存在銀行裡會來得划算呢？這個就是機會成本的概念。

就這個案例而言，先不管創業的激情，或者是做生意建立人脈的價值來看；如果單純就「獲利」的角度，當我們考量機

會成本這個因素的時候，如果你所預期的獲利沒有辦法高出存款在銀行的利息收入 3%，這就不是一個值得投入或者是值得經營的事業，這也就是機會成本的最重要的意義。

當我們要做任何事情的時候，要好好仔細考量，如果不做這件事情，而把資源或精力，投入在其他的事情上面，所能產生的效益，會不會比做這件事情來得更有價值更值得？

要當老闆還是當房東？

記得有一次我幫一個知名的連鎖電器品牌經銷商進行企業內訓，在上課之前我還特別去實地訪查了一下，深入了解這些經銷商他們實際經營過程當中所可能碰到的問題，以及是否有特別的需求，作為我上課能夠貼近他們實際狀況的參考。

後來我訪問到了一對夫妻，是經銷商的第二代，他們擁有一個 40 多坪的店面，很認真的經營這個品牌的大大小小商品。但問到他們的起心動念，還有整個經營的過程，他們告訴我事實上這家電器經銷商已經經營了 35 年了，在上一代用小電器行做了 20 年之後，到他們夫妻接棒，才決定加入這個連鎖品牌的經銷商，轉眼之間也經營了 15 年。

我問他們經營績效，這一路走來感覺如何？夫妻倆很靦腆的告訴我：「勉強還過得去，但是經濟不景氣，網路競爭又多，生意起起伏伏的，但是我們倆每個月大概平均淨收入也可以有

個 8 萬元左右，算是還不錯的。」

聽到這裡，似乎一切還差強人意，但是接下來的對話就耐人尋味了。

他後來接著說：「這都要感謝我爸媽留下來這個店面給我們，還好這個房子是自己買的，我們不用承擔租金，要不然用附近的行情來算，像我們這個店面，好歹每個月要承擔將近 10 萬元的租金，那我們夫妻倆經營可就吃不消了。」

之後我在企業內訓分享這個案例，很多人聽了故事說到這裡，就忍不住就笑了，還會告訴我說：「這對夫妻是怎麼回事啊？幹嘛做得這麼辛苦，直接把店面出租給別人，輕輕鬆鬆的就可以賺到 10 萬元，工作又不累，收入又比較多，不是超級划算嗎？」

沒錯，這個就是「機會成本」的概念，舉這麼明顯的例子來做分享，就是告訴大家，當我們看起來很認真的在做一件事情的時候，不要忘記抬頭看看我們到底放棄掉了什麼「好康的」？

如果你拿同樣的時間，同樣的資金，做不同的事情可以獲得更好的報酬或更好的利潤機會，就不一定要執著在一件事情上面，這也就是機會成本留給我們的啟發和省思。

不過，我在企業內訓說完上面這個經銷商夫妻的故事之後，也往往會有同學給我非常有趣的反饋，他們會跟我說：「郝哥你不能只看有形的價值而已，因為有很多無形價值所產生的機會成本，也是非常重要的。」

　　「譬如這兩個夫妻，如果把這個房子給出租出去，就算他們拿了這 10 萬元，比 8 萬元收入來得多。但是他們就沒有共同奮鬥和努力的目標了，也沒有這麼多的時間可以在一起相處、一起來工作，所以說雖然他們每個月少賺了 2 萬元，但是這個家庭凝聚和家庭和諧的無形價值，可能遠遠超過這少賺的 2 萬元。」

　　聽完這樣子的反饋和分享，我是深表同意的。

看機會成本時該思考的事

　　就像我自己當初到外地工作，雖然在有形的收入上面有大幅的增加，生活上更加的衣食無虞，對淨資產的累積也有非常大的幫助，但是我放棄了什麼呢？我放棄了跟家人共同相處的時間，甚至健康也亮起了紅燈，換言之，這些都是我在考量收入增加的時候，所應該納入的機會成本。

　　所以有的時候，在講述機會成本這件事情，不僅僅純粹是看得到的金錢而已，有一些無形的東西，也應該要納入在機會成本裡面。

　　只是當實際上在企業討論各種不同的投資、專案或是決策的時候，要非常努力的把「機會成本」納入考量就會比較辛苦，因為很多機會成本都不會很明顯的擺在你的面前讓你知道，讓你能夠這麼容易地能夠去衡量和比較。

　　尤其是當我們非常努力認真工作，創業或經營公司的時候，往往看到的只是眼前和當下，很容易就忽略了存在其他地方的「機會」。

　　我常開玩笑講，我們不能只會「埋頭苦幹」，而要常常「抬頭苦幹」，讓自己不時地緩一下、慢一下，看看這環境變化當中，有哪些我沒有注意到，但是能夠創造更高價值的機會，我想這就是機會成本很重要的概念。

2. 沉沒成本

　　什麼叫做沉沒成本呢？簡單來說就是已經發生，而且沒有辦法回收的成本。

　　特別是指你已經買的這些東西，你不會再去用它，不會為你再帶來任何價值或者是創造效益的物品，那麼這些物品的花費就是沉沒成本。

　　我最喜歡分享的概念其實就是「斷捨離」，因為不管是個人、家庭甚至是公司，如果存在很多你已經用不到的東西，放在那邊，不僅不會為你創造價值，因為佔用空間，你還要擔負空間成本；另外，偶爾還需要打掃，整理這些舊物品所花費的人力時間，也都是額外不需要的成本。

　　所以整理舊衣物、舊圖書和其他類似所有的舊物品，把它送給別人、賣給別人，甚至是丟掉，反而是一種減少浪費，提升生活或工作品質的方法，而這些「斷捨離」所處理掉的物品，就是一種「沉沒成本」，我們千萬不要因為「捨不得」而留在身邊，卻擔負了更多額外的支出。

　　在商業上，這樣子沉沒成本的概念，更需要謹慎，不要讓它影響你的經營決策，否則會讓損失更加的擴大。

　　我有個經營手機零配件生意的朋友，他花了上千萬的投資，買了許多設備，建設了一個工廠進行生產。一開始的幾年賺了不少錢，生意經營的也算不錯，後來突然競爭者變多之後，公司的訂單一落千丈，而且機器設備又逐漸老舊，產能效率良率都跟不上，每個月現金都是變得入不敷出。他跟我唉聲嘆氣的抱怨，說他實在是「捨不得」放掉這麼大筆的設備投資，還有這麼辛辛苦苦建立起來的團隊。

　　我就問他：「你有什麼起死回生的方法嗎？或這些老舊設備及員工能不能再為你創造更多的效益和附加價值？」

　　他說：「沒有辦法了，我就是『捨不得』罷了。」

　　我開始和他認真的討論，還有沙盤推演了一下，就是依照他現在目前繼續往下「撐」的情況，大概 10 個月之後也會面臨現金用光，不得不關廠的窘境。但是如果現在停止生產，進行關廠，捨棄掉這些機器設備的「沉沒成本」，他還有足夠的現金，好好的給這些老員工優惠的資遣金，讓這些老員工可以喘口氣花一點時間去找新工作。

　　結果，我這個好友，還是很明智地採取了立即關廠的決策，而沒有被沉沒成本的「捨不得」綁住了手腳。

　　所以，過去所有的投資，不會為你的未來帶來更多的商業價值，也就是說不會為你帶來「淨現金流入」的話，那麼它就

是一個「沉沒成本」，也就是對你未來的決策不應該產生影響，不能當成一個衡量的指標。

在這裡我特別要提醒的是，為什麼要把「沉沒成本」當成一個重要的觀念來和大家分享呢？原因是因為，每個人都會有一種「損失厭惡」的心理，尤其不管是任何東西，當你保有了一段時間之後，你會覺得那就是一個有價值的物品，就算沒有辦法為你帶來未來的價值，或者是未來的現金流，但是當要你把它丟掉、或者是排除在決策之外，我們自然而然的會在心中產生一種抗拒感。這就是行為經濟學上常說的「損失厭惡」心理。

而這種心理，會讓我們割捨不掉沒有價值的過去，進一步延誤做出正確決策的時間和判斷，這才是我們真正要關注「沉沒成本」最主要的重點。

最後我們再簡單覆盤一下這兩種損益表上面看不到，但卻是和我們個人、職場和企業經營息息相關的兩種成本特例，機會成本和沉沒成本：

1. 機會成本：認真觀察你時間金錢投入之後，所可能放棄掉其他的賺錢機會。

2. 沉沒成本：不要執著你已經花掉的時間金錢，而要關注你決策之後未來的現金流量。

希望透過這一章的學習，能夠讓我們在人生的議題、或是企業投資上面，能夠有更清晰的判斷，以及更有智慧的選擇。

課後練習

假設你是一家咖啡廳老闆，確定生意不賺錢，但是卻被員工情緒勒索，叫你不要關店，而你明知道只會一直虧錢，繼續經營只是慢慢等死，你要怎麼應用今天所學去和員工談判？

■黑字倒閉

為什麼明明賺錢還會倒閉？

三個關鍵管理，避免賺了錢還倒閉的厄運！

▶本課重點

- 黑字倒閉：損益表顯示賺錢（黑字），但公司因資金不足而倒閉。

- 避免「黑字倒閉」三大重點

  1 關注現金流（掌握現金活動、營運活動、交易事項，有效掌握企業經營）。

  2 關注應收、應付、預收、預付帳款（現金流越早進來、越晚出去越好）。

  3 關注借款期限（每天、每週、每月、每季、每年關注現金流與期限，掌控公司債權）。

有一個好朋友自己創業，每個月都是賺錢的，也就是收入都是比費用來得高，但是今天請你喝咖啡突然說他倒閉沒錢了，也就是公司沒有現金，請問明明是「賺錢」卻「沒有現金」，你覺得會是什麼原因？

前面幾堂跟大家分享了損益表的收入和費用兩個重要模塊之後，接下來就進入到了最後一個「利潤」，也就是淨利的部分。

其實，單就利潤或是淨利來看，觀念非常容易理解，就是收入（賺進來的錢）減掉費用（花出去的錢）就是利潤了。利潤如果是正的，就是賺錢；利潤如果是負的，就是虧錢。

而在損益表的表現上面，整張表最後一個數字一般代表就是利潤結果；尤其在這個數字下面，會畫下雙橫線，也就是整張表的最底線。因此這個利潤結果，你也常會聽到有另外一個專有名詞叫做 Bottom line（底線），就是這個意思。所以如果偶爾聽到別人問你的 Bottom line 如何，就是問你的利潤如何的意思。

在財務會計裡面，一般數字有兩種顏色的呈現：「收入」或者是「淨利」用黑色的字，而「費用」和「虧損」則用紅色的字，這樣就讓人很容易一目了然，當你看到最後利潤這一欄的時候，如果是黑字就代表賺錢，紅字就代表虧損。

所以這個標題就很怵目驚心了，什麼叫做「黑字倒閉」呢？

也就是說你的損益表最後的利潤是正的，是賺錢的，但是最後公司卻倒閉關門大吉了。

　　公司會倒閉的主要原因，就是「付不出錢」來，不管是支付給供應商的錢、支付給員工薪資，又或者是要償付銀行負債或者是貸款。總之，「黑字倒閉」就是損益表帳上看起來是賺錢的，但是最後銀行存款或是存摺裡面，卻已經是空空如也，也就是公司最重要的命脈「現金」已經用盡了。

　　所以淨利或損益最重要的原則，不要以為賺錢就好，收到錢才是最關鍵的。除了賺錢以外，「現金」才是一個企業存活的關鍵。

　　接下來介紹三個重點，讓大家避免落入黑字倒閉的厄運，分別是：**關注現金流、關注應收應付帳款、關注借款期限。**

避免黑字倒閉三關鍵

1. 關注現金流
2. 關注應收、應付帳款
3. 關注借款期限

避免黑字倒閉的三個關鍵

1. 關注現金流

　　企業在財務管理上面最大的迷思，就是太過於重視利潤，

或只重視利潤。實際上，淨利是損益表上的概念，「現金流」才是公司最重要的命脈。

簡單來說，損益表是運用了很多財務會計的概念，所編製出來的收入、費用還有利潤，這個和實際的現金流會有一定時間的落差。所以，必須針對「現金流」，定期觀察每一段時間，現金增減以及現金淨額的情況。

在這種情況之下，你就可以充分掌握自己所有現金流的狀況，也可以知道自己還有多少現金。如此一來，如果未來有任何現金支付要發生的話，就可以理解自己到底有沒有能力支付，或者是如何事先要籌措足夠的現金。這個就是我們所說的現金流量表的概念，在後面的課堂裡我們會特別來說明。

但是說穿了，其實這也只不過就是「銀行存摺」的概念，因為一本存摺裡面所記錄的，不外就是現金的「存入」、「提領」和「餘額」。其實就是現金流量表的「流進」、「流出」和「餘額」。也類似於損益表的「收入」、「費用」和「淨利」。

所以要掌握現金流，其實沒有這麼複雜，只要每天關注自己的銀行存摺，或者是銀行帳戶的現金流動就可以了。有趣的是，很多公司，甚至是越大的公司，常常是關注會計報表、管理報表甚於最基本的現金流量和銀行帳戶。

記得我在淡馬錫集團的時候，在中國設立了很多金融機構，都是專門服務很多個體戶、農戶、小微企業，或一些中小企業。那個時候針對很多非常小的個體戶或是中小企業，當他們有資

金需求的時候，我們就需要去了解他們財務狀況，這個時候才發現什麼財務報表、損益表，對他們而言全都是天方夜譚。實際上，對他們而言只要有「銀行存摺」，重要的現金流就一切都搞定了。

我們常常說的企業資源規劃（Enterprise Resource Planning；ERP 系統），對這些小企業而言更是遙不可及的概念，曾經遇到一個小企業主，他開玩笑的跟我說：「我們做生意非常簡單，說穿了就是『三本走天下』」。

我就問他說：「什麼是『三本走天下』？」

他說：「就是日記本、記帳本和存摺本啊。」

● **日記本：**其實就是所有的「待辦事項」，也就是所有的「經營活動」。

● **記帳本：**就是所有的「交易事項」，不管你賣了哪些東西給哪些人，或者是向哪些人買了哪些東西，這些就是所有的「交易細節」。

● **存摺本：**就是我們所有的血脈，「現金流」的所有細節，只要有了存摺本的話，或者是說銀行帳戶，你至少可以知道你剩下多少現金，有多少現金可以為你所用，這是所有公司最重要的關鍵。

所以這「三本」，認真說起來就是掌握「運營活動」、「交易事項」和「現金流動」，說實話管理不需要太過複雜，只要重點能夠掌握，簡單就是美。

因此這「三本走天下」，讓我留下了非常深刻的印象，也使我體認到每天關注銀行存摺或帳戶以隨時掌握現金流是一件多麼重要，卻又再簡單不過的事情。

2、關注應收應付帳款

剛才提到關心現金流，主要是過去發生、現在發生的現金流進流出，還有目前的現金水準和餘額。但是接下來，更重要的是要了解即將發生的現金流進流出，會是一個怎麼樣的情況。這個才是會影響公司運營的重要關鍵。

首先我們來看看所謂的「應收帳款」和「應付帳款」，這兩個主要的會計科目，在資產負債表裡面是很重要的兩個重點，代表的是交易已經完成，但是現金卻還沒有實際交付的情況。

如果我們和供應商或者是客戶，全都是用現金交易，那麼就不會產生應收帳款和應付帳款。

就像去市場買菜、買雞鴨魚肉，或是去買個臭豆腐、買個小吃，你不可能跟老闆說：「我下個月時候再付你錢好嗎？」這種交易一定是現金支付，大家「銀貨兩訖」。

若你是真的吃了臭豆腐卻三個月之後再支付的話，那就代表你臭豆腐已經吃完了，也就是交易已經完成，可是老闆並沒有收到錢。這個時候在老闆的帳上就會掛一個「應收帳款」，代表他應該要收的錢但是還沒有收，那在我而言，我就應該在我的資產負債表上面有個「應付帳款」，也就是我應該付給老

闆錢，但是還沒有付。

　　所以就大白話而言，我就是「賒帳」，而臭豆腐老闆就是「賒銷」。這老闆，雖然明明應該是賺了這筆錢，但是錢還沒在他手中，這個現金要到三個月之後他才會收到。

　　試想看看，如果每個人都這樣子做的話，請問一下這個老闆接下來哪來的錢再去買臭豆腐的原物料？他哪來的錢去支付水電瓦斯、支付他自己的生活所需？如果當初他的小買賣資金還是向銀行借錢的話，他哪來的錢去支付銀行的貸款利息本金？如此一來，就算他的損益表是賺錢的，但是因為大家都「賒帳」，他沒收到現金，所以說不定很快就倒閉幹不下去了。

　　這就是我們前面講的「黑字倒閉」。

　　所以說「應收帳款」就是應該要收但還沒有收到的錢；而「應付帳款」就是應該要付但是卻還沒有支付的錢，這兩個對於未來的現金流都有非常攸關的影響。

　　對企業而言，最簡單的指導原則就是，「錢越早收越好，錢越晚付越好」；當然所有的收錢和支付的日期，不論早晚，都是要在買賣雙方約定好的情況下進行，畢竟這種「賒銷」的模式，最主要還是建立在「信用」之上的。

3、關注借款期限

　　接下來要了解另一個會影響未來重要現金流的關鍵就是負

債的償還。

　　不管是個人向親朋好友借錢，或者是向銀行及金融機構借錢，甚至是向非法的單位或地下錢莊借貸，這些都是必須要支付成本，也就是「利息」，而且是有「還款期限」的。

　　如果我們的現金餘額，到了這些借款償還期限，卻沒有辦法支付的話，就很容易落入倒閉的風險。

　　在這裡提供幾個重要的方式，讓大家在平日管理的時候能夠善於面對結款到期卻償還不出來的窘境：

　　◆ **期間搭配**：借款和收入期限要互相搭配，避免借款的期限太短，而現金要很長的時間才收的進來；這個在後面章節也會有更深入的討論。

　　◆ **定期關注**：每週、每月、每季、每年都要關注還款的數額和時間；這個也可以和前面的現金流當作是一個重要的管理環節。

　　◆ **籌款管理**：要「預留」一些「籌款」的時間，籌錢的管道有很多種，但是都需要時間，這個部分在後面章節也會跟大家說明。

　　最後簡單覆盤一下，企業賺錢不一定就會活得好，主要「現金」這個重要命脈要足夠，所以在日常管理上還要關注三點：

　　1. 關注現金流：除了損益表還要隨時看看現金流量表，現金餘額到底夠不夠。

　　2.關注應收應付：避免「收長付短」；也就是向客戶收款很慢，但付給廠商帳款很快。

　　3.關注借款期限：要確保銀行還款期限之前，公司要有足夠的現金。

[課後練習]

這幾堂課下來我們一直強調，企業的首要目的就是要賺錢，而現在我們又學到了，除了賺錢之外，現金流的控管也是非常的重要。但是看到很多像亞馬遜等一些知名的網路公司，這麼多年來一直都是屬於虧損的狀態，但是投資人卻給相當高的評價，甚至還不斷地加碼投資。這個現象和這幾堂課所學到的，有沒有互相抵觸的部分？還是有一些特殊的道理存在裡面呢？

第 **10** 課

■ 損益兩平
怎麼把錢「快速」賺回來？

透澈分析三元素兩公式，建立起快速賺錢系統

▶ 本課重點

- 損益兩平三元素：1. 固定成本 2. 單位變動成本 3. 單位售價

- 損益兩平兩公式
  1 單位邊際貢獻 = 單位售價 - 單位變動成本
  2 損益兩平銷售量 = 固定成本 / 單位邊際貢獻

- 快速達成損益兩平三重點
  1 降低固定成本
  2 降低單位變動成本
  3 提高單位售價

想租個店面賣臭豆腐，每盤臭豆腐售價 60 元，原物料成本是 10 元，等於每盤賣了可以賺 50 元，如果店面每個月租金是 1 萬元，要賣幾盤才能把租金賺回來？如果房東願意把租金降到 8,000 元，又要賣幾盤才能把租金賺回來？

擔任創投工作的這幾年，碰到一些創業家，我常喜歡問他們說，你創業的目的除了情感或理想上的因素之外，最關鍵的會是什麼？

「當然是賺錢啊！」

「怎麼樣的賺錢？」我會繼續問。

「賺得越快越多越好啊！」

是的，賺得「越快越多」越好！

我想這個大概是很多創業家甚至是在職場上我們共同的心聲。這一堂就來分享什麼叫賺得「越快越多」？有什麼方法可以讓我們理解要如何能夠賺得越快越多？

其實，賺錢「越快越多」還是比較抽象的，如果我說真正的目的是「快速的把我花出去的錢給賺回來」，我想一定有很多人會同意這樣子的觀點。而且這個在財務會計上面有一個非常重要的專有名詞，叫做損益兩平點 BEP（Break Even Point），也就是在這個「時點」上你的收入會等於你的花費。

如果這個「時點」距離你開始創業的時間越近、越快，就代表你回收本錢的速度快，賺錢的速度快，當然就創業者的心態而言也會有很大的安定感。

所以在公司裡面，不管是新產品新專案的推出，或者是企業家創業，損益兩平點都是一個非常重要的投資決策觀念。

在這裡必須要提醒的是，我們都知道做生意大多時候需要先花錢再賺錢，所以後面賺錢的速度要超過花錢的速度，才有可能達到損益兩平；而最令人擔心的，通常是支出沒有節制，讓賺錢的速度永遠趕不上花錢的速度，那麼在損益兩平遙遙無期的情況之下，自然而然公司也就離關門不遠了。

哪些改變影響了損益兩平的成效

有一次我碰上多年的創業家好朋友，約在咖啡廳裡見面聊聊他第二次創業的心路歷程。在第一次創業的時候他算是跌了個大跟斗，投資人投了好幾千萬一下子就燒錢燒沒了，這一次一見面看他容光煥發，就知道他經營得不錯。果然他告訴我，才不到八個月的時間他就達到損益兩平開始盈利了，我說你是怎麼辦到的？和上回創業有這麼大的差異？

他笑著對我說：「不要亂花錢就好啦！」

「第一次創業我犯了兩個非常重要的錯誤，在這一次啊，我

把它重新糾正回來了。」他中氣十足很自信的說著。

他說上一次他花了很多的錢在辦公室裝修上面，還花了很多的租金租辦公室，但這一次完全不一樣。

他說：「郝哥，我今天跟你約在咖啡廳，是因為我沒有辦公室了。」

「啊？你沒有辦公室，所以沒有員工？」我很驚訝的問道。

「有啊，我有兩個主要的員工，但事實上是透過專案方式來進行合作的，所以有案子的時候我才會找他們，沒有案子的時候我就不需要支付他們薪資。

「所以說我第一個錯誤糾正，就是省了一大筆的固定的辦公室租金和裝修費用。

「郝哥，你知道嗎，如果之前我的創業像現在這樣做的話，我每一年就可以省掉將近兩三百萬的租金費用，這裡還不包含我的裝修。如果這些錢分給我的員工，那都是好大一筆獎金了。

「而我第二個錯誤糾正，就是我現在沒有一下子養了很多正職員工。

「我現在都是用協同 （Collaboration）的方式在工作，就是當我有生意、有案子、有需要的時候，我才和這些夥伴合作，才支付他們薪資和費用；所以我沒有每個月要固定支付人力成本的壓力。」

說到這裡大家可以了解到，不管是裝修、租金或者是人工成本，這些「固定支出」會很關鍵的影響著，我們到底有沒有

機會可以很快地把錢賺回來。而這也就會牽涉到損益兩平，三個元素和兩個公式裡面的重要概念。

損益兩平的三個重要元素

首先來看看損益兩平的三元素：固定成本、單位變動成本、單位產品售價。

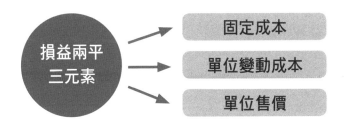

1. 固定成本

什麼叫做固定成本呢？簡單來說就是不管有沒有生產，有沒有銷售，還是會持續不斷發生的成本。譬如前面講的辦公室租金，或者是辦公室裝修的折舊，甚至是你已經花錢訂閱的報章雜誌，還有各種不同的俱樂部會費等等。

2. 單位變動成本

我們每生產或製造一個產品，會跟著變動的成本就叫做單位變動成本。

例如我們要做一個蛋糕，所用的麵粉、糖、鹽、奶油、包裝，以及相關的水電瓦斯和師傅的時間成本等等，這些都是單位變動成本。

3. 單位產品售價

這個就比較好理解，也就是每賣出去一個商品所得到的收入，這就是我們的單位產品售價。

損益兩平的兩個重要公式

理解完三個重要元素之後，接著就來看看損益兩平的兩個重要公式：

---

1. 單位邊際貢獻 = 單位售價－單位變動成本

2. 損益兩平銷售量 = 固定成本／單位邊際貢獻

---

1. 單位邊際貢獻 = 單位售價－單位變動成本

第一個公式就是用「單位售價」減掉「單位變動成本」，所得到的結果叫做「單位邊際貢獻」。

用白話文來說，就是當我每賣出去一個商品的時候，不考慮任何其他的固定成本，我可以賺多少錢。換句話說，這個單位邊際貢獻，純粹是只跟著商品「變動」所能夠得到的利益。

這裡和損益表中我們常會聽到的銷貨毛利有一點類似，也就是銷貨收入減掉銷貨成本。

損益兩平公式

銷 貨 毛 利 = 銷貨收入 － 銷貨成本
　單位邊際貢獻　　　　單位售價　　　單位變動成本

　　只是在銷貨成本當中，有時候也包含著機器設備折舊的固定成本在裡面。所以，如果把銷貨成本裡面的固定成本拿掉，那麼所得到的毛利就可以說是「邊際貢獻」；如果把這個邊際貢獻再除上賣出去的數量那就是「單位邊際貢獻」。

2. 損益兩平銷售量 = 固定成本／單位邊際貢獻

　　第二個公式相對就比較簡單，就是把固定成本除上我們剛才講的「單位邊際貢獻」，而得出的結果就是我們之前提到的「損益兩平銷售量」。

　　這個數字所代表的意思就是當我們商品賣到這個數量的時候，就可以把我們花出去的成本給賺回來。

　　舉個例子：假設今天公司的固定成本，譬如說租金或其他折舊費用等等，是 10 萬元，那麼我如果要賣一個商品，它的售價是 3,000 元，但是單位變動成本是 1,000 元，那麼在這種情況之下，我每賣出一個商品，單位邊際貢獻是 2,000 元。

所以把剛才的固定成本 10 萬元除以 2,000 元等於 50 個。這 50 個的銷售數量，就是損益兩平的銷售量，換言之，當我賣了 50 個之後就可以把我所有的本錢都給賺回來了。

損益兩平公式

$$10 \text{ 萬} \div （3,000 － 1,000） = \mathbf{50} \text{ 個}$$

固定成本　　　單位售價　單位變動成本

a. 固定成本降一半

接下來再看看，如果把剛才的固定成本降為一半，也就是 5 萬元，會發生什麼事呢？用損益兩平銷售量的公式帶入看看：

可以發現損益兩平的銷售量，一下子就減少了一半，只要賣了 25 個就可以把原來的成本都給賺回來了。

$$\mathbf{5} \text{ 萬} \div （3,000 － 1,000） = \mathbf{25} \text{ 個}$$

固定成本　　　單位售價　單位變動成本

b. 變動成本降一半

再舉個案例看看，如果我的固定成本不變，還是 10 萬元，而售價 3,000 不變，但卻把單位變動成本從 1,000 元減成變 500 元，那麼套用剛才的公式看看：

這個時候因為單位變動成本的降低，也使得損益兩平銷售數量，從原來的 50 個講到變 40 個；就是說只要賣了 40 個，就可以把我花出去的錢給賺回來了。

$$10\ \text{萬} \div (3,000 - 500) = 40\ \text{個}$$

固定成本　　　　單位售價　單位變動成本

快速達成損益兩平的方法

透過上面這幾個例子，可以得到三點啟發：

1. 盡量降低固定成本：降低損益兩平銷售量，趕快把錢賺回來。

就像前面這個案例把固定成本從 10 萬元降到 5 萬元，那麼我們就把原來要賣到 50 個才能夠收回成本的損益兩平銷售量，一下子就降到了 25 個。

又或者像是前面我提到的創業家，把他的辦公室租金或者是裝潢、固定人事開銷給大幅降低，就可以更快更早的達到「把錢賺回來」的目的。所以說，固定成本真的是能少就少。

2. 降低單位變動成本：通常單位變動成本跟生產製造或產品服務的直接費用相關，如果可以盡量降低一些無效成本，譬如像我們之前說的閒置、浪費和損壞，那麼在單位售價不變的情況之下，單位邊際貢獻就會變大，也就有助於降低損益兩平銷售量，盡快把錢賺回來。

3. 提高售價：為什麼我沒有在前面的案例去特別舉出提高售價這個案例呢？因為畢竟很多時候，售價不是我們說變就能

變的，但是固定成本跟單位變動成本這兩件事情，確實可以掌握在我們自己的手中。不過話說回來，如果可以藉由增加一點點的成本，而提升客戶對商品服務的價值感，進而願意付更多的錢，提高單位售價，讓我們的單位邊際貢獻變得更大，這也是我們可以特別去努力的方向。

最後我們歸納覆盤一下，損益兩平是讓我們隨時檢視自己，有沒有辦法能夠快速把錢賺回來的關鍵，主要有三個要素和兩個公式：

損益兩平三要素

1. 單位產品售價　　2. 單位變動成本　　3. 固定成本

損益兩平兩公式

1. 單位邊際貢獻＝單位售價－單位變動成本

2. 損益兩平銷售量＝固定成本／單位邊際貢獻

損益兩平銷售量越少，代表越快「賺回來」，主要可以從三方面著手：

◆ **一個是降低固定成本：最重要**

◆ **一個是降低變動成本：次重要**

◆ **一個是提高產品售價：最不容易**

總之，「獲利」是所有企業的目標；而「快速獲利」，更是讓企業能夠大幅發揮資源效率效能的指標；所以時時關注「損

益兩平」，會讓我們更快把錢賺回來，持續累積公司淨資產，為股東爭取最大的利益。

此外，當我們快點把錢賺回來的時候，就有隨時動態調整生意方向的能力，就有隨時動態調整商業模式的能力，這個在創業的道路上面是非常關鍵的。甚至當我們在職場上幫助老闆做決策、發展新產品、發展未來的銷售管道也是有非常重要的指導意義跟內涵。

課後練習

假設你要和朋友合夥開一家餐廳，要承租一個店面，這時候你朋友建議把這個地方給買下來，將來還有機會增值，學完今天課程之後，你會怎麼樣思考這樣的一個決策？

■ 稅賦效應

同樣收入，
為什麼企業比個人賺錢？

兩個原因，分析稅賦效應讓富人越富的關鍵

▶ 本課重點

公司 V.S. 個人稅賦兩大差異：
1 稅率不同
2 順序不同

> 兩個人賺的錢是一模一樣的，但是一個是開「公司」，另一個是「個人」。到底他們要繳的稅有什麼差別呢？

　　一般我們聽到「稅」這個字，直覺上的反應就是要交給國家政府的錢，而且有好多各種琳瑯滿目的種類；譬如所得稅、增值稅、貨物稅、印花稅、房屋稅以及地價稅等等；而針對各種不同的稅務規劃，或者是節稅的方式，也都是大家可能會常聽到的一些公司、個人必須關注的理財議題。

　　在這一堂，我們所要討論的最主要是跟收入，或者是說淨利有關的重要稅賦，也就是「所得稅」；我們不針對比較深入的部分去探討節稅的方式，而是要和大家分享「稅」，尤其是「所得稅」，在「企業」和「個人」之間扮演著多大重要的角色，又會讓「財富累積」這件事有著多麼大的影響差異。

　　通常一個上班族，領公司薪水，到了年底正常的繳交個人所得稅，除了在乎有沒有錢繳稅，或者說自己繳的稅夠不夠多之外，比較沒有機會去認真想想看這樣子的稅率和繳費方式，對於我們個人財富有什麼重大的影響。這一堂學完之後，相信應該會對我們有很大的幫助。

稅率和繳費方式，對於個人財富的重大影響

打個比方，我們除了正職的工作以外，一旦有機會可以增加業外的收入，譬如兼職演講、寫書著作、上課培訓，甚至是開始用閒暇時間做一個 YouTuber，這個時候你的收入是隸屬於你自己的，而且你是自己的老闆，你就可以決定要怎麼樣來繳交「所得稅」，這個時候可能就會有人建議你要「成立公司」，因為稅賦在公司和個人上面會有兩個很大的差異，而這兩個差異會造成我們在人生道路上面財富累積有極大的不同，分別是：

1. 稅率不同　　2. 順序不同

1. 稅率不同

什麼叫做稅率呢？簡單的來說就是要把你賺的錢繳出去的百分比。譬如所得稅率是 10%，就是賺 100 元，要繳出去 10 元的稅；如果所得稅率是 40%，就是你賺了 100 元，有 40 元要繳出去給政府。

所以說同樣是賺錢，如果我和你的稅率不一樣，那麼稅率比較低的，就可以留下多一點的收入，而且對財富累積而言會更加的快速。

目前世界各地大部分的國家，幾乎個人的所得稅率都比公司的所得稅率要來得高。就拿台灣來說，目前個人所得稅率最高是 40%，而公司的稅率最高是 20%。

現在舉個例子來看，假設我們兩個人賺錢是一模一樣的，

但是你成立了一家「公司」，而我基本上是「個人」沒有任何公司，在這個情況之下，個人所得稅率是 40%，我就必須繳交 40% 的稅，而你是公司，企業所得稅率是 20%，所以只需要繳交 20%。

換句話說，如果我們都賺了 100 萬元，那麼我只能留下 60 萬元，而你可以留下 80 萬元，只不過因為你是公司，我是個人，你的財富就比我一下子多出了 20 萬元，這就是公司和個人稅率不同所造成的財務差異和威力。

2. 順序不同

接下來看看什麼叫做順序的不同，這裡要把「費用」這個因素給加進來。首先我們列出公司和個人是怎麼樣處理「收入、費用和所得稅」之間的關係，兩者之間不同順序如下：

個人	**收入－所得稅* －費用 ＝ 淨利** 【* 所得稅：收入總額 × 稅率】
公司	**收入－費用－所得稅* ＝ 淨利** 【* 所得稅：（收入－費用）× 稅率】

從上面計算方式我們可以理解到，雖然說上面兩個不同的公式是「順序」上的不同，但這個順序就影響到了是使用收入的「淨額」還是「總額」作為所得稅的計算，這個差異影響會非常大。

　　為了讓大家有更清楚的概念，我們分別舉兩個不同情境的例子，第一個例子是費用一樣、稅率一樣，純粹就是針對公司和個人計算的順序不同，看看會造成什麼樣的財富差異；而第二個例子再考慮不同稅率，進一步反映真實的情況。

案例一

A 個人收入 100 萬元，B 公司收入 100 萬元；兩者的費用都是80 萬元；稅率都是 20%。

計算淨利

個人（20%） 100 萬 − $\underset{\text{所得稅}}{\underline{\text{100 萬} \times \text{20\%}}}$ − 80 萬 = **0**

公司（20%） $\underset{\text{收入}}{\text{100 萬}} − \underset{\text{費用}}{\text{80萬}} − \underset{\text{所得稅}}{\underline{(\text{100 萬} − \text{80 萬}) \times \text{20\%}}}$ = **16** 萬

　　因為 B 是一間「公司」，所以 100 萬元的收入先扣掉費用80 萬元，剩下淨利是 20 萬元，然後再用這 20 萬元來去扣 20%的稅，也就是 4 萬元，所以真正留到 B 公司手中的是 16 萬元。

　　而 A 因為是個人，所以一開始就用 100 萬元的收入去扣掉所得稅 20 萬元，剩下了 80 萬元，然後再扣掉花費的 80 萬元，這個時候我們發現他留在手中的現金竟然是零。

　　所以在上面這個例子我們可以看出來，如果收入一樣、費

用一樣，甚至是公司和個人所得稅率都一樣，只因為公司和個人在計算的順序不同，就讓財富有了巨大的差異。

接下來我們再把不同的稅率加進去看看有何不同的影響。

案例二

A 個人收入 100 萬元，B 公司收入 100 萬元；兩者的費用都是 80 萬元；A 個人所得稅率是 40%，B 公司企業所得稅率是 20%。

計算淨利

個人（40%） $100\,萬 - \underset{所得稅}{\underline{100\,萬 \times 40\%}} - 80\,萬 = -\mathbf{20}\,萬$

公司（20%） $\underset{收入}{100\,萬} - \underset{費用}{80\,萬} - \underset{所得稅}{\underline{(100\,萬 - 80\,萬) \times 20\%}} = \mathbf{16}\,萬$

從上面這個例子我們可以看到，個人所得稅率是比企業所得率來的高的，如此一來會進一步放大 A 和 B 的財富差異。

在例一當中只因為順序的不同就已經讓財富差了 16 萬元；在例二裡，再把實際的稅率加進去就擴大了財富差距到了 36 萬元，將近是收入的四成。

如果依照例二的情況，明明 A 和 B 是一樣的努力，一樣的花費；只是因為一個成立公司，一個沒有，B 就可以累積財富，而 A 竟然會虧損或是要承受負債。

　　這也就是為什麼我要把「稅賦效應」特別和大家分享的原因，因為這會是影響一個人的個人財富非常重要的關鍵。

合法節稅是一個正確的財務思維觀念

　　如果我們今天只是一個上班族，是一個受薪階級，幾乎沒有什麼太多可以節稅的工具，因為我們所有的所得基本上都在稅收機關的紀錄之下。

　　可是如果我們是一個個人工作者，不管說是演講、教書，美容工作室或瑜珈老師等等，就可以藉由「成立公司」來降低所應繳的稅賦。

　　在這裡我要特別強調的是，「成立公司」是一個非常合理又合法的節稅方式，而不是要個人工作者不去報稅，也就是「逃稅」；我所要告訴大家的，是從「個人」到「公司」的合法節稅途徑，這樣一個正確的財務思維觀念，是希望大家能夠建立起來的。

　　所謂「公司財務思維」的角度，就是當我們有任何「收入」的時候，不要忘記去考量「費用」這個觀念；在個人所得稅裡，就是沒有把費用納入我們的所得稅計算範圍當中。

　　還記得我們講損益表的概念，是收入減掉成本和費用，最

後才是「利潤」。而在公司或企業所得稅計算裡，就是把這個利潤當成扣繳的基礎。

可是回頭想想我們個人所得稅並沒有把費用扣除，就直接用收入總額來當作計算基礎，這樣不是很虧嗎？譬如你要去教課，你不需要備課或準備相關的教材以及時間的花費嗎？如果你去演講，你不需要任何的交通住宿或其他相關的支出嗎？而這些支出，不都是為了你獲取收入所應該要有的費用嗎？

所以說「成立公司」，就可以把這些應該要有的費用，當作是收入的減項，而最後所呈現的淨收入，也就是所謂的淨利，才是真正應該作為繳稅的基礎。

最後我們來覆盤歸納一下，除非是一個上班族或是受薪階級，要不然不管是要個人創業、成立個人工作室，又或者是有業外收入，要開始我們的斜槓人生，都可以藉由「成立公司」，讓「稅賦效應」協助我們合法的節稅，更快的累積個人財富；而主要的稅賦效應是主要體現在兩個方面：

1. 稅率不同：公司的所得稅率比個人低。

公司稅率低（台灣約 20%）

個人稅率高（台灣約 40%）

2. 順序不同：公司是用扣除費用的所得淨額納稅，但是個人卻用所得總額來納稅。

公司：收入－費用－所得稅＝淨利

個人：收入－所得稅－費用＝淨利

課後練習

以你自己為例，看看你每年的收入是多少，再粗估一下你每一年的花費大概是多少，然後套用個人所得稅是 40% 的稅率，公司所得稅是 20% 的稅率，試算一下，如果你今天成立公司和不成立公司，一年下來的兩種情況，你的淨所得有多大的差異？

▪ 資產負債表
企業到底是由什麼組成的？

三個模塊告訴你企業的組成，並明瞭經營管理的方向與風險

▶ 本課重點

資產負債表三模塊：資產 = 負債 + 股東權益

1 資產：關注效益

2 負債：關注利息

3 股東權益：關注增值

朋友買了一棟房子，房子價值是 5,000 萬元，但是為了買這房子有向銀行貸款有 4,000 萬元，請問他的身價到底是多少？

　　「資產負債表」就字面上而言就很容易理解，就是告訴我們所擁有的資產，還有負債的情況；但事實上還有第三個重要的模塊，那就是資產扣掉負債之後的「淨值」，也稱做「淨資產」或者是「股東權益」。

　　這一堂開始我們就要來針對資產負債表的三個模塊，分別來了解「主要內容」、「彼此關係」，還有「管理目的」。

1. 資產負債表的主要內容

　　首先我們知道「資產負債表」的三大模塊是：

a. 資產　　b. 負債　　c. 股東權益

資產負債表	
資　產	負債
	股東權益 (淨資產／淨值)

a. 資產

所謂的「資產」，就是我們所擁有的東西，不管是有形的車子、房子、存貨、現金，甚至是無形的商譽或專利權等等，都是我們公司所擁有的資產。其實這樣子的概念也可以套用在個人的身上。

資產，本身就有一定的價值，而真正的目的是要幫我們「創造價值」，所有的公司或者個人，都必須要靠資產才能夠持續不斷創造財富、累積財富，也可以說，資產是所有事業的基石。

b. 負債

那麼資產到底是哪裡來的呢？有兩個主要的來源，第一個就是向別人借的，也就是「負債」。

譬如向銀行借、向租賃公司借，甚至是向地下錢莊借，類似這樣的貸款都是負債。如果是買東西用賒帳的方式，也就是積欠供應商的貨款，這也是一種負債。

所以，如果是向金融機構貸款購買機器設備，或者是因為購買原物料積欠供應商的貨款，那麼這些機器設備和原物料是我們的資產，而這些資產的來源就是「向別人借來」的，也就是負債。

c. 股東權益

資產的第二個來源就是股東權益，就是別人投資或者是個人投資的資金或資本。

　　譬如自己要創業，拿了自己的積蓄去買了一些設備開了小店，也購置了一些原物料，那麼這些購置的資產就是你自己投資的，而這個投資的金額就是股東權益。

　　同樣的，如果不是自己一個人投資，而是和別人合夥，或者是有更多人投資一家公司，開始新的事業，那麼這些所有投資人的錢，也叫做「股東權益」。

　　因為資產，是來自於負債和股東權益，而負債是一定要還的，是別人的，並不屬於這個公司，所以把資產扣掉負債之後剩下來的股東權益，才是真正屬於我們擁有的資產。這也就是為什麼股東權益又會被稱之為「淨資產」或者是「淨值」的原因。

2. 資產負債表的彼此關係

　　理解完資產負債表的三個模塊之後，我們就可以進一步了解三個之間的關係，其實就是一個恆等式：**資產 = 負債 + 股東權益**，又叫做「會計的恆等式」。

> **會計的恆等式**　　　**資產 = 負債 + 股東權益**

　　從這個會計的恆等式，我們就可以知道為什麼資產負債表是這麼簡單明瞭的三個框框，左邊一個大框框裡面包覆著我們所有的資產細項；而右邊兩個框框，右上角代表的就是我們的

負債，也就是別人借給我們的所有金錢或資源，而右下角則是
股東權益，也就是別人或自己投資的金錢或資源；右邊這兩個
框框相加，剛好就是左邊大框框的資產；所以說，資產負債表
就可以充分表達「資產＝負債＋股東權益」這三者的關係。

3. 資產負債表的管理目的

　　理解了資產、負債和股東權益三者之間的關係，還有會計
恆等式之後，我們就來分別闡釋這三個模塊所代表的管理意義
和目的。

a. 資產：關注效益

　　首先來看看資產，前面曾說過，資產本身具有價值，而且
是用來幫我們創造價值的。

　　所以，對資產而言，首先在乎的是本身的價值不能變少，
其次是還能夠持續不斷地生出更多的財富創造更多的收益。

　　所以說資產主要的管理目的是「關注效益」。而且這個效

益，如果用財務會計的專有名詞來看，最貼切的莫過於就是「總資產報酬率」，也就是「總資產能夠賺錢的比率」。

　　舉個例子，假設你今天的總資產有 100 萬元，結果做生意賺了錢，淨利是 10 萬元，那麼你的總資產報酬率就是 10%。

10 萬元／ 100 萬元 = 10%

　　如果淨利是從 10 萬，變成淨利是 20 萬元呢？那麼我的總資產報酬率就一下子變成了 20%。

　　所以我們可以看到，總資產報酬率，是衡量一塊錢資產能夠創造多大的收益，這個比率當然是越大越好，不管是我們自己或者是投資人，都希望資產能夠做最好的運用，創造最大的價值，這就是我們說的「效能」。

　　透過上面這個例子，再加上「時間」的因素，又會有什麼不同的變化呢？

　　有 A、B 兩個人，總資產都有 100 萬元，結果都做生意賺了錢，淨利是 10 萬元；但是 A 花了一年的時間，B 只花了半年的時間；結果，B 在後面半年，又同樣把這總資產 100 萬元，再賺了淨利 10 萬元。

　　你發現了嗎？當每一年結算下來，兩個人同樣都是有總資產 100 萬元，A 做了一次生意，總資產報酬率是 10%，但是 B 做了兩次生意，所以他的總資產報酬率就變成了 20%。（案例一）

案例一　加上時間因素的資產報酬率

	總資產	時　間	淨剩	資產報酬率
A	100 萬	一年10萬 ➡	10 萬	10%
B	100 萬	半年10萬 ➡ ＋ 半年10萬 ➡ （效率）	勝 20 萬 （效能）	勝 20%

換句話說，同樣的資產，同樣的賺錢能力，如果你可以用更短的時間賺到錢，也就是在會計上說的「迴轉率」，那麼你就可以創造更大的資產效益，這也就是資產運用的「效率」。

所以，資產最重要的目的，就是「關注效益」，主要體現就在兩個部分：
- **「效能」就是關注用多少資源賺錢，賺得多不多**
- **「效率」就是關注用多少時間賺錢，賺得快不快**

b. 負債：關注利息

說到負債的時候，其實就是向別人借的錢，借錢都是有代價、有成本的，也就是「利息費用」。

可是如果我們是向供應商賒帳，這樣子欠供應商的錢是不是就沒有利息費用了呢？

　　當然有啊！你如果要賒帳，譬如買了供應商的商品，三個月之後才要付他錢，其實這三個月的利息費用，供應商早已經把它算進款項裡面了！

　　所以才會常常聽到，有時候供應商會說如果你用「現金支付」，也就是立即付款，可以再給你 2% 的折扣，這個 2% 代表什麼意思呢？就是你原來積欠供應商貨款所要支付的利息費用。

　　通常在計算利息費用的時候，都是用「利率」來表示，最常說的是「年利率」；譬如你借 100 元，「一年」之後你要還 105 元（100 元的本金 +5 元的利息費用）， 5 元的利息費用除上 100 元的本金，所以這個借款的「年利率」就是 5%。

　　所以前面那個供應商，如果算你三個月（一季）的利率是 2%，那麼如果轉換成年利率的話，因為一年有四季，所以就是 8%（2% × 4 = 8%）；比較一下目前現在銀行的借款利率，8% 是非常高的，所以與其欠款三個月之後再支付，說不定用現金支付還比較划算。

　　分享了上面的概念之後，我們就可以更清楚的知道負債最重要的管理目的，就是「關注利息」，或是「關注利率」。而這個主要的「關注利率」，簡單來說就是不要讓它超過我們的「總資產報酬率」。

　　就像前面在資產部分說的案例，如果總資產報酬率是 10%，去跟金融機構借錢或是欠款給供應商的時候，這個利率可以超過 10% 嗎？

當然不行，因為這樣子的負債不划算，如果借了這筆超過 10% 利率的負債，就等於說會「吃了」我們資產賺的錢。反之，如果這個利率低於 10%，那麼這個負債反而是幫我們創造了更多的效益。

如前面那個供應商，雖然他的借款利率是 8%，但是因為低於我們的總資產報酬率 10%，所以如果說我們真的資金不足的話，未來賺了錢，還了利息仍然有盈餘，那麼這就是一個划算的借款。（案例二）

案例二

借款 100 元，利率 8%　→　一年後要還 108 元

總資產報酬率 10%　　　→　一年後 100 元變成 110 元

110-108 =2

借款還可以創造 2 元的盈餘，是個划算的借款。

c.股東權益：關注增值

「股東權益」就字面上來說，就是所有股東他的「權利」和「利益」。就財務會計而言，股東投資的多寡就是他的「權利」，那最後也會透過他投資的多寡進行利益的分配，那麼這就是他的「利益」，這也就是為什麼稱之為股東權益的原因。

透過會計恆等式，更容易理解的是資產減掉負債之後就等於股東權益，也就是「淨資產」，或者我們所稱的「淨值」。

這個部分才是反應所有公司的價值，也才是股東真正在乎的部分。其實「淨資產或淨值」對公司或者是個人而言，才是真正「財富管理」的終極目標。

所以才會有那麼一句追尋財富自由的名言：「富人在乎的是淨值，而不是收入」。

在這邊舉個例子，大家可能就比較清楚，譬如我們買了一棟房子，它的價值是 5,000 萬元，但是為了買這房子你向銀行貸款有 4,000 萬元，請問這個時候如果有人問你身價到底是多少，你會告訴他是 5,000 萬嗎？

當然不會！基本上我們的身價是 1,000 萬元，也就是 5,000 萬元減掉 4,000 萬元之後的淨額，這個才是我們的淨資產和淨值。因為 4,000 萬元銀行貸款是借來的，是要還的，把總資產扣掉負債之後，剩下的才是我們的淨資產。

了解了淨資產和淨值的概念之後，如果再把上面的案例繼續變化一下，假設今天你的房子從 5,000 萬元漲到了 6,000 萬元，那麼這個時候，我們的淨資產和淨值是多少呢？

如果貸款還是 4,000 萬元，那麼淨資產就是 2,000 萬元，換句話說我們的淨資產「增值」了。

以下，簡單歸納一下股東權益主要可以分成兩大部分：

一、**股本**：也就是自己或者別人投資進來的錢。

二、**淨利**：也就是公司或自己賺來的錢，而這兩大部分就構成我們所有淨資產。

股東權益 （權利和利益）	股本（資產）：自己或者別人投資進來的錢
	淨利（增值）：公司或自己賺來的錢

　　所以，不管是公司或者是個人，就會透過資產持續不斷的賺錢，然後反應在損益表的淨利，讓淨利持續不斷地累積變成淨資產。如此一來，股東權益也就是淨資產或淨值會越來越多，那麼也就代表我們越來越值錢。因此，這也就是為什麼說股東權益的管理目的是「關注增值」的原因了。

　　最後來總結覆盤歸納一下，資產負債表就是關注賺錢的效率和效能：

　　A.「**效能**」就是關注用多少資源賺錢，賺得多不多

　　B.「**效率**」就是關注用多少時間賺錢，賺得快不快

　　資產負債表代表的是整個企業資源地圖，主要有三個模塊「資產、負債、股東權益」，可以用會計恆等式來代表：**資產 = 負債 + 股東權益**

　　而最重要的管理目的分別是：

- **資產**：關注效益，也就是總資產報酬率
- **負債**：關注利息，不能比賺的報酬率高
- **股東權益**：關注增值，是主要目的

課後練習

如果你覺得一個人要創業，他的創業基金應該是先從股東
權益來得好？也就是用自己的錢；還是用銀行的錢來得
好？也就是借別人的錢好呢？

■ 資產陷阱
為什麼會掉入資產的陷阱？

三個步驟，讓你的資產，能夠成為真正讓你致富的利器

▶本課重點

避免掉入資產陷阱三步驟
1 用途確認：為了產生效益
2 效益評估：知道什麼用途才能評估效益
3 陷阱規避：有效益才是資產

一個開餐廳的朋友告訴我，他最近買了一整組超級棒的二手餐具，原來要價幾十萬的，後來只用不到一半的價錢就把它給買下來了，還直說能夠這麼便宜的買到就是賺到。真的是這樣子嗎？

在前一堂已經特別提到資產負債表的三個模塊，「資產、負債和股東權益」，在說到資產的時候，我們特別強調管理目的主要是「關注效益」。

換句話說，能夠真正產生效益的才是資產，如果不能夠產生效益，就代表這個資產讓你落入了一個陷阱裡面，「一個看起來是資產，但是卻不能產生效益的陷阱」，這也就是我所說的「資產陷阱」。

避免掉入資產陷阱的三步驟

現在就透過三個步驟，讓我們的資產盡量能夠發揮效益，而不至於掉入資產陷阱裡，這三個步驟分別是：

1. 用途確認：為了產生效益

2. 效益評估：知道什麼用途才能評估效益

3. 陷阱規避：有效益才是資產

1. 用途確認：為了產生效益

　　首先我們要確認用途，也就是要知道買資產到底是要幹嘛用的？很多人看到這裡一定就會說了：「我買資產一定知道是幹嘛用的啊？」

　　真的嗎？真的是這樣子嗎？

　　我一個開餐廳的朋友，有一次閒聊的時候突然很高興的告訴我，他最近買了一整組超級棒的二手餐具，原來要價幾十萬的，後來他只用不到一半的價錢就把它給買下來了，還直說實在是太划算了。

　　後來我問他，你打算怎麼使用這一組餐具呢？結果他告訴我，反正將來餐廳一定會用的到，能夠這麼便宜的買到就是賺到了。

　　「能夠這麼便宜的買到就是賺到。」

　　真的嗎？真的是這樣子嗎？

　　請再回想一下資產的本質，資產是我們的資源，資源是要拿來賺錢的。如果你不能確認它是不是真的可以幫你賺錢，那到底要不要去買呢？

　　就像前面這個老闆買餐具的例子，除非他可以立刻把它轉手賺取差價，或是他可以把它當作餐廳裡的用品吸引更多的客人，或是提高餐點的價格。要不然你把這些餐具買進來，不僅要騰出空間存放，這些是增加「空間成本」；而且要擔負餐具可能跌價的風險，這是「跌價損失風險成本」；更重要的是你花了一大筆錢把它給買下來，這些花掉的現金，原本說不定有更好的機會為你創造更高的價值，這是「機會成本」。請認真想想看，如果沒有好好「確認用途」的話，你所買下來的真的是資產嗎？真的會為你創造效益嗎？

　　所以確認用途，真正的目的是希望效益能夠和花費的錢互相匹配，花錢花得值得。

2. 效益評估：知道什麼用途才能評估效益

　　當我們對資產進行用途的確認之後，說白了也就是了解其「賺錢目的」，接著就要進行所謂的效益評估了。

　　如果你確定這個資產是非常具有效益的，然後很勇敢的把它給買下來當然是沒有問題。但如果你有辦法確認資產的用途，但卻不能夠確定效益是否能夠匹配這個資產成本的話，那又該怎麼辦呢？

　　簡單地說就是「循序漸進」的花錢，「漸進式」、「階段性」的花錢，不要一下子投入太大的固定成本，讓自己有隨時喊停的機會，或調整花費的機制，我在前面課堂曾經提過三個重要的方法分別是：

　　1）人力派遣：當不確定把員工找進來會不會在未來業務上面產生持續或相對應的價值的時候，這個時候就可以利用人力派遣公司提供的短期人力資源服務，來測試一下業務量能不能跟的上，最後再決定要不要採取正式員工的招募。

　　2）工作外包：除非確定一件事情，就是自己做會比較有效率或有效能，要不然就交給更有效率和效能的人或公司來做。如此一來，一方面可以降低資產的支出，減少費用，也可以提升企業或個人的獲利能力。

　　譬如把一些生產的工作外包給具有規模性的工廠，取得比自己建立生產線要來得便宜的商品；或者是把辦公室的清潔工作外包給專門的公司，降低清潔費用，說不定比自己養清潔人員還來得更為划算。

　　3）設備租賃：像一般的設備、機器或廠房等等，都可以用租賃的方式開始做起，不用一下子花費大把的金額購入變成固定資產。如此一來不僅可以測試看看生意或業務量到底有沒有這麼好，可以跟得上租賃資產的「產能」；更重要的是要看看這個生意的「獲利空間」夠不夠大，有沒有辦法支撐如果把資產買入之後，能夠持續不斷賺錢的生意模式。

　　上面這三點，就是當效益不好評估時，可以採取的「漸進式」花費方式。

　　其實，當我們看資產負債表的資產細項的時候，可以發覺它有各種不同的類別，譬如現金、存貨、應收帳款、機器設備等等。事實上應該針對每一種不同的資產都要評估它的效益，簡單來說就是這些資產到底能為我賺多少錢？還記得前一堂所說的嗎？就是我們所關注的總資產報酬率，那麼到每一個資產上面，一定也有個別資產的報酬率，這就是需要衡量的重點。而一般衡量「效益來源」的重點主要有兩個：

　　A. 獲利效益：資產一旦購置進來之後，除了支付的價格之外，就開始持續不斷地花錢了，包含可能需要的水電瓦斯，或者是佔用空間的倉儲或租金，甚至還要考量已經花掉金錢的機會成本等等。所以說如果不能確認效益，也就是到底能不能賺錢，這個風險其實是很大的。如果是固定成本比較大的，就可以用漸進式的花費，來降低支出風險，相對地對於效益的評估也就可以邊走邊看。

　　其實像豐田的即時生產管理（Just In Time），也是類似的概念，就是不要預先購買太多的原物料，等到真正客戶下單的時候，再及時地透過供應商取得原物料，如此一來不僅可以確認一定有這筆生意（效益確認），更重要的是可以降低倉儲和空間的管理成本。

　　此外，前面的課程也曾經提過，商業的本質就是「價值交換」，而且價值的交換流程有兩種：

- **先做出來再賣出去（先生產再銷售）**
- **先賣出去再做出來（先銷售再生產）**

　　在傳統的觀念裡面，大概都是先把商品做出來，然後再透過各種不同的通路把它給賣出去，那麼當你把商品做出來的那一剎那，其實你是沒有辦法充分掌握到底能不能賣得出去，也就是效益是不是真的能夠發生的。

　　所以，比較好的方式就是你能夠先把東西賣出去了，然後才心無旁鶩很有底氣的回頭去做你生產的工作，如此一來，你所有的投入、所有的成本，都確定能夠有所回報，得到效益。

　　現在這種商業模式，其實已經不是什麼新鮮事了，就像是大家耳熟能詳的「預售屋」，或是現在在網路上面的各種商品「群眾募資」，又或者是各種不同「網紅」拿著樣品，在螢幕面前要大家先下單然後才製作的「預購」，這些都是對商家非常有利，而且能夠確定效益的「先銷售後生產」的商業模式。也讓在過程當中所有資產的投入，能夠精準地進行效益評估。

　　B. 時間效益：資產除了幫忙創造價值之外，它本身也是有價值的，所以如果在資產沒有辦法幫公司或個人創造價值的時候，隨著時間的流逝，我們所在乎的，就是它到底會隨著時間的增加而「增值」還是「減值」？

　　就像很多做手機零配件的廠商，當把這些零配件生產出來之後，不管是手機殼、充電線、皮套等等，就必須要在非常短的時間之內要把這些存貨給賣掉，要不然當下一代新的手機出來之後，這些存貨可能就完全沒有價值了，這個時候就沒有辦法為公司產生任何效益，對公司而言就是一個重大的損失。

　　當然也有些特殊的資產，譬如一些知名品牌的包包，反而隨著時間的流逝價格會越來越高。或者是像我的一個好朋友，他本身是做咖啡生意的，但是非常喜歡收集一些知名的古董車放在他的咖啡廳裡當作裝飾。而這些古董車隨著時間的流逝，反而越多人想要用高價來收購，這些都是屬於比較特殊的案例，可是這也展現出了資產的另一個時間價值的體現。

　　甚至有些行業，會需要貴重金屬，例如金、銀、銅等作為原物料，這個時候由於本身的特性就有可能升值或貶值，所以時間價值的特性也就更加的明顯。

　　換言之，當我們在說資產的時間價值的時候，資產的本身已經是類似一種「商品」了，就算不透過生產去創造任何的價值，也可以從本身去實現會讓企業增加價值的目的。

3. 陷阱規避：有效益才是資產

　　先前講到什麼叫做「資產陷阱」，也就是看起來它本身是資產，但卻不能夠產生效益的情況之下，就不是我們心目中能夠累積財富的資產，而是「資產陷阱」。

　　記得在羅伯特‧清崎的名作《富爸爸窮爸爸》裡面曾經對資產負債有一段非常經典的解釋：

資產：把錢從其他地方拿進你口袋

負債：把錢從你的口袋中拿出去

雖然上面的資產和負債，不是一般會計準則當中的定義，

但是卻恰如其分地解釋了這邊所特別強調的「資產陷阱」的概念。

　　譬如你買了一臺機器設備，如果買進來之後因為生意不好沒有訂單，而已經很久沒有使用它了，這個時候既然沒有辦法創造任何生意上的收益，幫你賺錢，就應該要很果斷地把它處理掉；避免它不僅不能創造收益，還佔用你的空間，說不定還要支付一定的維修費用，那麼它只會把你口袋裡的錢給拿出去，就不是一個資產，而是負債。

　　所以千萬要記得，能夠創造效益的才是資產，如果不能創造效益，不能為你帶來任何現金流量的，都是應該被處理掉貌似資產的陷阱，甚至根本就是一個負債。

　　最後我們總結覆盤一下，資產是為公司賺錢、為公司創造價值，也是為公司帶來效益的。如果不謹慎的話，就很可能購入看似資產，但是實際上是會把錢從公司裡拿出去的負債，也就是「資產陷阱」。所以要避免落入資產陷阱，就要確實做好三個步驟，讓我們的資產，能夠成為真正致富的利器。

　　1）用途確認：要知道資產能產生什麼效益，唯有產生效益的才叫資產。

　　2）效益評估：要觀察紀錄資產，是否能持續不斷地產生現金流，並大於所付出的現金流，才是效益。

　　3）陷阱規避：果決處理掉看起來是資產的負債，以避免佔用公司的資源，是讓資產健康的最重要關鍵。

課後練習

我們常說員工是公司資產，你覺得員工一定是公司的資產？還是有可能是企業的資產陷阱？

■ 負債迷思

能不欠錢就不要欠錢嗎？

三個步驟，告訴你企業如何利用負債成為賺錢工具

▶ 本課重點

- 負債迷思：能不欠錢就不欠錢？
- 負債並非壞事，創造效益就是好負債
- 負債評估三大重點
  1 用途確認：確認資產使用目的
  2 效益評估：總資產報酬率 > 利息，即能創造效益
  3 償還管理：關注效益與期限，累積信用

> 如果預估資產報酬率將有10%，向金融機構借錢利率
> 是5%，那是不是應該向銀行借錢去購置資產比較好？

　　這一堂要開始進入資產負債表的第二個模塊，「負債」。

　　一說到負債，就會想到欠錢，記得小時候父母親或是長輩常常告訴我們，人一輩子就怕欠別人的，所以說能夠不要欠別人就不要欠別人，也因此在很多人的心目中「欠錢負債」就不是件好事。但真的是這樣子嗎？

　　接下來就透過三個步驟，來和大家分享，如何確認負債對我們到底是好還是不好？好的負債如何創造價值，以及要怎麼樣管理負債，才可以幫我們創造價值的同時，也不會增加管理上的風險。這三個步驟分別是：

　　1. 用途確認　2. 效益評估　3. 償還管理

1. 用途確認

　　負債，就是「向別人借錢」，或者是「欠別人錢」。

　　無論如何，負債一定都是有原因的，而這個原因就跟這個負債的用途，和牽涉到的到底是不是好負債或壞負債有很大的關係。

　　舉個例子，如果是吃喝玩樂的錢不夠了，甚至是賭博或其他「不事生產」的花錢或消費，造成必須去借錢而有負債，那麼這個負債它本身就只是負債，只會把你口袋裡面的錢拿出去，而沒有機會為你帶來任何的好處，那麼這樣子的欠錢肯定就不是件好事。可是如果在公司內部或者是個人向別人借錢，是為了從事「生產」，創造更大的價值呢？這個時候所產生的負債就會是好負債。

　　一般而言負債的產生和用途，主要的原因有兩種：

1）向別人借錢

　　不管說是和父母兄弟、親朋好友、金融機構或銀行借錢，這種情況你一定會向對方說明你借錢的目的和用途。原因很簡單，「有借有還，再借不難」。所以借你錢的人，一定要了解你到底有沒有還款的能力，而這個還款的能力跟你借錢的目的就有非常重要的關聯。

　　尤其是企業或公司，負債的成立大概主要就是幾個原因，包含成立公司的開辦費、購買機器設備原物料，或者是短期內支付相關的人事等運營成本。

　　但是這樣子的資金需求和借款，隱含了一個非常重要的關鍵，那就是未來可以「獲利」。因為可以獲利、可以賺錢，所以你借了錢之後，未來才有能力把這筆錢給還了，而且除了償還本金還可以支付相對應的利息費用，這才是別人願意借給你的基本邏輯。

　　像我以前在中國擔任銀行或金融機構工作的時候，如果任何人要借款，一定要特別說明「資金用途」，而且還要附上相關用途的文件。因為這個對借款人而言是一種保障，他要避免借了錢給你之後你是去還高利貸，或是去花天酒地，那麼他借給你這筆錢等於是肉包子打狗有去無回，這樣子的負債對金融機構或銀行而言也是絕對不可能成立的。既然他願意借給你錢，他一定要「連本帶利」的收回來，這才是負債能夠成立的前提條件。也因此，金融機構在借錢的時候通常會有兩種方式來保障他們的負債安全：

　　A. 抵押貸款：雖然你會說明資金的用途，告訴銀行打算如何使用這筆錢，來創造未來的價值，但是如果沒有足夠好的「信用紀錄」，讓銀行相信你未來真的有能力還得了這筆錢的本金和利息，那麼這個時候，銀行就會要求要拿你的資產，譬如房子或車子，來當作抵押。

　　這個抵押的意思就是如果未來你還不起本金的時候，銀行或金融機構有權利把你的資產拿去變賣，然後再把取得的資金作為償還本金和利息的來源。換句話說，抵押就是銀行不確定你的還款能力情況之下，保障可以拿回本金及利息的一種手段。

　　B. 信用貸款：另外一種不需要抵押的借款方式，就是「信用貸款」。換句話說，金融機構不需要你任何的抵押資產，而是相信你未來的現金流量，可以支付銀行借給你的本金還有利息。當然金融機構也是透過評估你過去的信用狀況，還有未來

的還款能力，才會做出這樣的借款決定。

　　這也就是為什麼會有人常說和銀行往來得越多，而且每次都準時的還款，確實做到標準的「有借有還」，那麼你的「信用等級」在銀行裡面就會是非常高的，而「再借不難」也就會是一個理所當然的事情。

　　如果你從來沒有跟銀行有任何的借款紀錄，在這種情況之下你就沒有「信用累積」，等到銀行要借錢給你的時候會更加的謹慎，更加的小心評估。甚至會要你提供相對應的抵押資產來作為保障。

　　這也就再次說明「負債」不一定是壞事，只要「用途明確」、「準時償還」，反而是在不斷地累積自己的信用，對於未來的借款速度和成本上會有更大的幫助。

2）欠別人錢

　　除了向別人借錢之外，另外一種負債的形式，就是欠別人的款項尚未償還。

　　這種情況一般最常見的就是發生在當你和供應商交易之後，你是用「賒帳」的方式去取得供應商的商品，換句話說交易已經完成了，但是你還沒有付給供應商貨款，也就是「欠」著供應商的錢沒還，這也就形成了另一種負債。

　　在這種情況之下，一般和供應商都會在買賣合約當中簽署所謂的「付款期限」。所以說當貨款期限到了的時候，一定要

把賒欠供應商的貨款給付清，要不然也就造成了信用違約了，在這種情況之下供應商很可能下次就不會給你有同樣的賒帳條件。

所以這種「欠別人錢」的形式，就是我們一般常說的「應付帳款」，在本質上就是一種向供應商借錢的「負債融資」。而這個負債的用途非常的明確，就是向供應商採購商品進行未來商業的經營，並期待經營的收入可以償還給供應商貨款。

因此如果常常積欠貨款未還，導致供應商認為你的信用不好，或是你的經營狀況越來越差，那麼這樣子的賒帳方式就不太容易會成立了。

從上面的描述我們可以知道，在付款期限內的應付帳款，本身也是一種「好負債」，那不僅僅代表著你在供應商心目中的信用紀錄，也代表著你有良好的經營未來，更重要的是你可以透過晚一點支付貨款，減少資金需求的壓力，就可以用更少的自有資金為自己或公司創造更大的獲益。

2. 效益評估

從前面的負債用途確認，可以很清楚的了解，這個主要的用途是要確認你未來可以獲取「效益」。因為有了效益，才可以還本金和利息。

所以負債管理的第二個步驟裡，要關心的就是「效益評估」這件事情，也就是負債所使用的用途到底可以創造多大的效益？

　　在前面講資產的時候曾說過，真正的資產是要能夠創造效益的東西，所以說既然負債是為了購置資產，那麼所要評估的效益，當然就是「資產報酬率」。

　　譬如 100 萬元的資產，賺了 10 萬元，那麼資產報酬率就是10%，今天如果你向金融機構借了錢去購置這些資產，而利率只有 5%，那麼當你賺了錢再支付本金和利息之後，還有 5% 的盈餘，這樣子的負債就是一個好負債。因為如果你沒有這筆錢，你就不能做生意，但是因為你有了這筆負債，幫你做完生意之後，你不僅能夠償還借款，還能夠有多餘的利潤，這就是一個好的負債能創造效益的最佳範例。（案例一）

案例一

淨利	÷	總資產	=	資產報酬率	銀行利率
10 萬	÷	100 萬	=	10%	5%

> 資產報酬率 10% ＞ 銀行利率 5%

　　同樣的例子，如果當初你的借款利率高達 15%，那麼就算你賺了錢，你也沒有辦法償付本金加上利息費用。這種情況我通常叫做「飲鴆止渴」，就是看起來你有了錢可以做生意，但是你賺的利潤卻不及你所要支付的利息費用，那這種情況你的負債就不是一個好負債。（案例二）

案例二

淨利	÷	總資產	=	資產報酬率	銀行利率
10 萬	÷	100 萬	=	10%	15%

資產報酬率 10% ＜ 銀行利率 15%

3. 償還管理

當確認完用途，也理解了可能產生的效益，最後一個步驟就是要時時關注負債管理。

既然負債是要還的，所以以「什麼時間還」？「要還多少錢」？就是最主要負債管理的兩個關鍵。

簡單來說就是要關注「期限」和「利息」。

先舉個例子給大家看看，假設我今天跟銀行借了個 100 萬元信用貸款，年息是 3%，本來是要購買資產的，但是後來因為計劃有變，沒有採購資產就放了銀行定存，結果定存的利率是 2%。過了一年之後，我這筆現金什麼事都沒幹就產生了 3% 的利息費用和 2% 的利息收入，淨損失是 1%，也就是 1 萬元，你說說看這是不是很冤？

這時候你心中會不會想：「早知道不要借就好了。」又或者是「如果沒有用到那筆錢，可以隨時償還就好了。」因為如此一來，你就不會產生這 1 萬元的淨損失，對不對？（案例三）

> ### 案例三
>
> 定存利率 2%，銀行借貸年息 3%
>
> **（100 萬 × 2%）－（100 萬 × 3%）＝ －1萬**
> 　定存利息收入　　　　銀行利息費用
>
> > **資產報酬率 2% ＜　銀行利率 3%**
> > **負債沒有產生任何價值，反而造成淨損失**

　　如果稍微修改一下上面的例子，你確實用了這 100 萬元，而資產報酬率是 10%，遠遠大於利息費用 3%，看起來是非常值得的。但是當要還款的時候，你發現手中只有 50 萬元的現金，其他的收入都還是應收帳款，也就是客人還沒有支付，這個時候你就會擔負還不出錢來的違約風險了。

　　從上面兩個例子可以知道，除了確定負債要是一個好負債之外，也就是確定它的效益會大於它的利息。另外很重要需要知道付款的期限，如此一來才可以在期限之前籌措好相對應的資金，支付本金和利息，以避免期限到了違約付不出錢來，這樣子對信用紀錄就會有所損害，且對我們未來借錢拓展業務也就會有不良的影響。

　　所以負債的償還管理，要認真關注**「利息費用」**和**「償還期限」**是非常重要的兩個關鍵。

　　最後我們總結覆盤一下，「負債」也就是向別人借錢或欠別人錢，它不一定是壞事，只要做好以下三個步驟的管理，不

僅可以降低負債的風險，還可以為公司或個人創造更高的價值：

　　1. 用途確認：知道負債用在什麼資產，創造什麼效益。

　　2. 效益評估：知道負債關聯的資產所產生的效益是否比利息費用來得高。

　　3. 償還管理：不符合效益的負債要盡快償還，符合效益的負債也要關注付款期限和利息，確保有現金足夠支付。

|課後練習|

應付帳款是公司對供應商的欠款，有人說應付帳款的期間越長對公司的效益越高，真的是這樣嗎？說說你的理由。

■ 股東權益

如何一眼看出公司值不值錢？

三個重點，讓你了解企業是否值錢和如何變成值錢的關鍵

▶ 本課重點

- 股東權益（淨值、淨資產）
  ＝資產（我所擁有的）－負債（向別人借的）
- 股東權益三大結構：1. 股本 2. 資本公積 3. 保留盈餘
- 評估企業是否值錢三大重點
  1. 值不值錢 2. 怎麼值錢 3. 值錢趨勢

如果有個老爸要幫女兒挑相親對象，兩個候選人 A 和 B，A 是擁有資產 5,000 萬元，沒有任何借貸款，B 擁有 8,000 萬元資產，但是有銀行貸款 6,000 萬元，如果純粹以「身家價值」而言，你會建議這個老爸挑選誰？為什麼？

　　這一堂要來跟大家分享的是資產負債表的第三個模塊，「股東權益」。

　　之前提過，所有的資產扣掉負債就是股東權益，換句話說股東權益才是我們擁有的淨資產，又叫做淨值。

　　因此在判斷公司或個人整體價值的時候，不會去只看他資產的總額有多少，還有扣除掉負債的部分，畢竟這部分是向別人借的，未來是要還的，所以並不真正擁有，因此剩下的股東權益（淨資產或淨值）才是真正判斷價值的基礎。

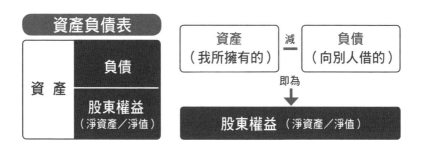

股東權益的三大結構

在開始分享怎麼樣判斷股東權益的價值之前，先來了解股東權益的組成有哪三大部分：

1. 股本：基本價值（原始價值）

2. 資本公積：額外價值、股票的溢價

3. 保留盈餘：企業賺的淨利

1. 股本：基本價值（原始價值）

第一個叫做「股本」，也就是投資人投入進來的「本錢」，可以簡單理解就是「股東的本錢」。

譬如你要開個餐廳，你投資 100 萬元進來，那麼這個 100 萬元就是你的股本。換句話說，這個公司百分之百都是屬於你的。

但如果這個 100 萬元，是你和你朋友各出一半，也就是 50 萬元，一起合開的，那麼你們股本雖然還是 100 萬元，但是你的「股份」就只有50%。所謂「股份」，就是每個股東所佔有公司的部分。

如果我們成立的是「股份有限公司」，依照目前「公司法」的規定，「股份」可以用「股票」來代表，目前每一張股票是 1000 股，每一股的面額是 10 元，換句話說每一張股票就是 1 萬元。

所以依照上面的案例，如果你成立一家公司是 100 萬元的初始股本，那麼全公司就是有 100 張的股票。如果你和你的合夥人各出資 50 萬元，那麼你們就各擁有 50 張的股票。

這就是股東權益裡面有關於「股本」的原始意義，還有在實務上面「股份有限公司」的基本操作方式。

而上面所說的「股份」在公司的經營裡面有很重要的角色，代表的是對公司重大決策的「投票權」。譬如在公司的法規裡面有許多的規定，如果公司有任何重大的決議事項，必須要有公司股東的 1/2 或者是 2/3 以上的通過才能夠去執行，而這 1/2 或 2/3 的比例，說的就是「股份」。這也是當我們理解股東權益裡面，除了股本的觀念之外，必須特別關注的另外一個重點。

2. 資本公積：額外價值、股票的溢價

第二個部分叫做資本公積，簡單地說就是別人買你公司的股票「多花錢」的部分。

就拿前面的例子來看，如果你出了 50 萬元佔公司 50% 的股份，而你另一個合夥人出了 60 萬元也佔 50% 的股份，那麼他多出的 10 萬元就是資本公積。

如果用「股份有限公司」的股票概念來解釋就會更加的清楚，原則上每一股的面值都是 10 元，所以如果你用超過 10 元的價錢來買一股的股票，那麼超過的部分就是資本公積。譬如你 15 元來買每一股，一共買了 10 張（每張 1000 股），就是10,000 股，所以你一共支付了 15 萬元，其中 10 萬元是股本，資本公積就是 5 萬元。

所以資本公積，就是別人承認你公司比面額更高的價值，這個部分也叫做股票的「溢價」。當這個溢價越高，就代表投資人承認公司未來的價值越高，所以願意出比較高的價錢，卻只佔公司比較少的股份，這個對經營管理者而言是一種肯定。

這時候可能有人會問，那麼一般在股票市場的買賣，價錢都會變來變去，這個跟資本公積有關係嗎？

答案是「沒有關係」！資本公積是指投資人「直接」向公司購買股票，直接把錢投資給公司，直接把「溢價」注入到公司，這個部分的價值直接由公司來獲得，才會在公司的資產負債表上面承認這一部分的股東權利。

3. 保留盈餘：企業賺的淨利

最後一個叫做保留盈餘，其實就字面上就很好理解，公司自己賺的錢就叫做盈餘，如果扣掉分紅分出去給股東的，剩下來的就叫做「保留盈餘」。

所以簡單說起來，保留盈餘就是企業自己賺的錢，沒有發出去而留下來的那部分，這個也是股東權益很關鍵的一個組成。

評估企業是否值錢的三大重點

理解完股東權利的三大組成「股本、資本公積和保留盈餘」之後，再來看看怎麼樣透過股東權益的三個重點，來判斷公司

是否有價值，而它的價值又到底是多少。這三個評估企業是否值錢的重點是：**1. 值不值錢　2. 怎麼值錢　3. 值錢趨勢**

評估企業值錢與否三大重點

1. 值不值錢→股東權益＞股本

2. 怎麼值錢→溢價部分為資本公積

3. 值錢趨勢→股價、保留盈餘為關鍵

1. 值不值錢

前面曾說過，一個公司或個人真正的價值體現不是在總資產，而是在股東權益，因為總資產扣掉負債才是真正屬於公司或個人的淨資產，才是「淨值」。股東權益包含三大部分：

A. 股本：股東按照面額的出資

B. 資本公積：出資超過面額的部分

C. 保留盈餘：公司賺錢留下來的部分

從這三個部分可以看到，除了原始按照面額投資的部分是股本之外，其他的資本公積，又叫做股票「溢價」，是對公司額外價值的認可。而保留盈餘是這公司具體賺錢的體現。

所以簡單來看，如果一個公司的股東權益，除了股本之外，資本公積加保留盈餘大於零，那麼就代表這家公司比他原來成立的時候，所投資的資本是來得值錢的。

公司比初創時值錢：資本公積＋保留盈餘＞0

　　如果資本公積加保留盈餘小於零，那代表什麼意思呢？這就代表公司從創立到現在，目前在帳上體現的，不僅沒有把多賺的錢累積下來，反而已經開始吃掉老本了，這個老本就是前面說的股本。所以除了累積盈餘之外，相反的就是「累積虧損」，在這種情況之下，可以藉著觀察累積虧損，知道老本被吃掉了多少。

公司比初創時虧錢：資本公積 + 保留盈餘 < 0

　　所以，當拿到資產負債表的時候，可以一眼就看出股東權益目前的組成，還有「現在」到底值不值錢。

　　為什麼我特別會強調「現在」呢？因為畢竟資產負債表是一個「靜態」的報表，反應的只是一個特殊時間點的公司價值，並不能代表未來公司的趨勢。所以除了看這張靜態的資產負債表之外，如果要知道公司未來值不值錢，以及如何值錢的原因，就要搭配過去的損益表，還有未來賺錢的計畫，以及現金流的預測來進行進一步的判斷。這又回到為什麼在一開始第 1 課的時候，就特別強調損益表、現金流量表和資產負債表必須一起看、一起研究缺一不可的原因。

2. 怎麼值錢

　　既然理解公司值不值錢，是透過觀察公司的資本公積還有保留盈餘來得到，那麼只要分別來看待資本公積和保留盈餘的多寡就知道公司的價值是從何而來。

1）保留盈餘

如果帳上的保留盈餘很多，就代表過去賺了很多錢，過去的賺錢能力造就了公司今天的價值，所以目前股東權益的體現，是過去努力累積的結果。依照這種邏輯來看，保留盈餘當然是代表公司賺錢能力的強大，才導致於公司值錢的原因。可是如果保留盈餘不多，就代表公司賺錢的能力不強嗎？這時候就要看保留盈餘不多的原因到底是出在哪裡？一般而言保留盈餘不多主要的原因有三個：

A. 獲利不多：如果是沒賺什麼錢，那麼理所當然的就不會有太多的保留盈餘被留下來，在這種情況之下公司的價值本來就不會太高。

B. 股東分紅：如果公司是一個成熟型的企業，雖然可以持續的賺錢，但是卻已經沒有太多投資機會了，那麼在這個時候，公司可能就會選擇把每一年賺來的獲利，大部分都用分紅的方式發給股東。這樣子一方面可以讓股東獲得報酬，直接感受到自己的投資有回饋價值；另外一方面由於保留盈餘過多還要被課稅，所以用分紅的方式退給股東，也比用繳稅的方式交給政府更能獲得股東的青睞。

C. 盈餘轉增資：如果公司是正在蓬勃起飛發展的企業，而且一直需要大量的資金進行投資，那麼這個時候每一年所得到的獲利，除了少部分進行分紅之外，大部分留下來的盈餘，就可以轉成股本，當作是所有投資人的投資。如此一來，既可以避免保留盈餘被課徵高額的稅負，另外一方面也是代表公司對

未來前景看好，有更好的投資機會，這樣對未來股價的提升也
會很有幫助。

　　總之，保留盈餘是觀察公司「怎麼值錢」的一個重要指標，
如果保留盈餘很多，公司當然是值錢的；但是就算保留盈餘不
多，也要看公司是因為不賺錢沒有積累，還是透過分紅或盈餘
轉增資而造成保留盈餘不多的原因。

2）資本公積

　　資本公積是對於公司未來價值給的溢價，所以如果資本公
積發生的時間越近，就代表新的投資人對於公司的未來前景看
好，所以願意多付一點錢進行投資，主要是期待未來公司的運
營能夠幫他給賺回來。

　　不過如果資本公積發生的時間，距離現在已經非常的久遠，
那麼股票溢價，可能就已經反映在賺錢的保留盈餘上面了。所
以除了看待「資本公積多寡」之外，「資本公積發生時間」也
是必須要特別關注的。

　　一般在看公司資本公積的時候，通常都會希望能看到資本
公積整個形成的歷史和當時所代表投資的股價趨勢和波動。如
果在過去的資本公積每股溢價，是一直持續不斷往上的，那就
代表投資人一路看好；但是如果就算過去每一次的投資都是有
資本公積的每股溢價，但是趨勢卻是一路往下的，那麼就代表
投資人就算是投資公司，但是對公司未來的價值也是每況愈下
的。（見範例一、二）

範例一	資本公積往上趨勢的溢價		
日期	股價	溢價	張數
2018/2/1	12	2	1000
2018/11/1	16	6	3000
2019/6/1	18	8	5000

範例二	資本公積往下趨勢的溢價		
日期	股價	溢價	張數
2018/2/1	19	9	6000
2018/11/1	15	5	4000
2019/6/1	11	1	2000

3. 值錢趨勢

值錢趨勢，也就是未來會不會持續有價值，這個也是觀察股東權益的關鍵。從股東權益的三個組成來看，也許有人會說資本公積是股票的溢價，所以看起來趨勢應該和資本公積比較有關係。但實際上，資本公積是結果，真正的關鍵還是要回到保留盈餘上面。

原因是所有投資人看待的，是未來會賺錢的趨勢，而這個賺錢所體現的，就是整個保留盈餘的持續累積。更準確的說，應該是「淨利的趨勢」，也就是分紅加上保留盈餘的預測，這兩者的相加才是真正投資人所看重的。

值錢的趨勢 = 淨利的趨勢 =（分紅 + 保留盈餘）的趨勢

我們常常會聽到「估值」這兩個字，意思其實就是估計公司未來的價值，也就是估計未來的股東權益、淨資產或淨值會成長到什麼樣的地步。

所以歸根究底，公司的價值，或者說是未來的價值趨勢，都還是著眼於到底公司未來賺不賺錢，如果賺錢的話，分紅和保留盈餘都會增加，對於新進來的投資人而言，他就願意用比較高的股票溢價來購買新的股份，也就會增加資本公積。

由此可以得到，公司賺了錢，會帶動保留盈餘的增加，進而帶動資本公積的增加，也就會持續累積股東權益。如果所有投資人對這個預期是一直往上的，就會推升公司的價值，還有市場上股票的價格。所以我們才會說股票價格是投資人對公司價值「未來的預期」，也就是這個道理。

最後我們總結覆盤一下：
* **股東權益**：又稱為淨資產 / 淨值，是投資人給的（不管是金錢或等值價值）、自己賺的。
* 股東權益主要結構有三：
股本：基本價值（原始價值）
資本公積：額外價值；股票的溢價
保留盈餘：企業賺的淨利未分紅的部分

• 股東權益主要關注三個重點（看企業是否值錢）

1. 值不值錢：看「總額」＞股本「面額」（股本：公司的擁有權利，誰擁有這個公司就看這個）。

2. 怎麼值錢：看股本以外的來源（資本公積：別人給的／保留盈餘：自己賺的；資本公積：補足公司低估的價值／保留盈餘：自己賺的錢留下來公司的。）

3. 值錢趨勢：看別人願意花多少錢買（股價），也就是估值。

> [課後練習]

如果說賺錢才是公司最主要的價值，也才是對未來股價的期望，那為什麼很多公司，尤其是很多網路公司一直賠錢，股價卻很高？

_____

_____

_____

_____

_____

_____

■ 企業健檢

怎麼看出這是不是一家好企業？

三個關鍵分析，快速讓你知道一家企業健康與否

▶ 本課重點

如何檢驗一個企業是否營運無虞：
1 檢視應收帳款，避免數字虛報。
2 檢視折舊攤提，避免規則亂改。
3 檢視周轉效率，避免效率不彰。

有個公司總經理，看見去年一整年公司虧損 100 萬
元，而今年業績好像也沒有比去年好，他希望在年
底之前能展現一點績效。他發現機器設備的原始成
本是 2,000 萬元，公司一直是用 10 年的使用年限來
做「攤提」，所以每一年要認列 200 萬元的折舊費
用。這個總經理下令財務經理直接把原來 10 年改成
20 年，原來每一年 200 萬元的折舊費用，一下子就
成了一半的 100 萬元。但真的可以這樣調整嗎？

　　學習完資產負債表的主要結構內容、關係和目的之後，接
下來要試著分享在資產負債表的日常管理上面常會碰到的一些
問題。

　　不管你是身為內部管理人也好，或者是投資人、資金借貸
人，都可以藉由這樣的檢視，去了解公司是不是在一個健康正
常的狀態之下，又或者不是的話，應該有什麼樣的方式來予以
導正，或者是在根本上避免與類似的公司有任何的關係往來，
而不至於掉入投資或借貸的陷阱裡。

　　一般而言，對一個企業的財務檢查，或者是財務分析是一
個非常龐大的工程，不僅僅是可以透過如此的檢查，了解並找
出的問題，強化競爭力，更重要的是，還可以作為內外部防止
舞弊、抓出漏洞的工具。

理解企業健康體質的三個關鍵分析

　　這一堂先和大家介紹三個很重要的分析方法，這三個方法雖然關鍵，但是卻非常簡單，而且適用於很多的公司和不同產業，所以相對而言，可以在學習財務的過程當中，透過這樣子的判定來輕鬆理解公司到底是不是正派健康的運營。這三個主要的分析重點，分別是「應收帳款」、「折舊攤提」，還有「周轉效率」，而突顯的是下列三個主要的問題，我們就來一一進行說明分析：

1. 檢視應收帳款，避免數字虛報
2. 檢視折舊攤提，避免規則亂改
3. 檢視周轉效率，避免效率不彰

1. 檢視應收帳款，避免數字虛報

　　首先要關注「應收帳款」的部分，而主要去避免或檢視的是「數字虛報」的問題。

　　應收帳款的本質，就是交易完成了，但是客戶還沒有把商品或服務的錢繳清，以至於在帳上就會承認了銷貨收入，但是這筆收入不是用現金的形式，而是會在帳上記一筆「應收帳款」。如果今天做生意都是和別人現金交易，銀貨兩訖，就根本不會有應收帳款的成立。

　　譬如去餐廳吃飯或去夜市買衣服，當你吃完飯，或準備帶著衣服走，一定要把現金交付給商家，這個交易才算完成，這就是

所謂的現金交易。也就是說你賣的東西或服務,「收入」成立了之後,是現金立即入袋,這個價值交換才算真正的完成。

如果商家提供產品或服務給客戶之後,理論上收入是成立了,但是並沒有真正收到客戶的現金價款,而是用「賒銷」的方式,約定在未來的期限內,譬如一個月後才要支付,那麼這個賒銷的形式,就還沒有完成真正的價值交換,所以才會在帳上記錄一個「應收帳款」。

重點是如果看損益表的時候,「收入」已經成立了,感覺上商家已經賺了這筆錢。但實際上沒有收到任何的現金,而是在資產負債表上面,多了一個和現金一樣的資產科目,就叫做「應收帳款」。說實話,這個應收帳款是客戶欠的,我沒有收到現金之前,我不能拿它來買任何的東西,或交換其他有價值的商品或服務。所以在某種程度而言是「虛」的。這也就會形成管理上的漏洞。通常這樣子的應收帳款狀況,和可能產生的管理漏洞主要有兩個:

A. 應收帳款大幅波動   B. 應收帳款大幅增加

數字虛報

數字虛報

收入不是收現
而是應收帳款

需特別注意
A 應收帳款大幅波動   B 應收帳款大幅增加

A. 應收帳款大幅波動： 除非商家銷售的是季節性的商品或服務，所以定期會有銷售上的波動，而因此也就帶動了應收帳款的波動，如此的情況只要觀察過去歷史的交易行為，就可以知道這是一個正常健康的情況。

但如果過去一直是平穩的交易，卻突然出現應收帳款不正常的增高或回落，那麼就有可能是公司虛報收入，通常這種情況，原因可能也有兩種：

1）公司高層想要藉由提高收入，吸引投資人投資，或者是向銀行借款，因此和客戶勾結，先假裝把產品賣出去，後面再用銷貨退回的方式將商品或服務退回來。所以在這種情況之下對於投資人和借款人而言，如果一不注意就會造成不當的資金投入和潛在的損失風險。

2）公司的業務人員想要藉由高額的收入，領取豐厚的業績獎金，因此在這種情況之下，會造成業務人員和客戶進行勾結，同樣的事先請客戶把東西給買了之後，然後等業務人員領完了獎金，再用銷貨退回的方式退還給公司。

所以在這種情況之下，就公司而言，一勞永逸的辦法就是確認收到客戶的現金，而且確認已經無法退貨，這時候才把獎金發放給業務人員，就可以避免這種數字虛報的欺瞞方式。

B. 應收帳款大幅增加： 和第一種應收帳款大幅波動情況不一樣的地方是，應收帳款是持續不斷地累積上升，或者是停留在非常高的應收帳款水位；換言之，就是公司看起來完成了很

大的交易，但是在公司內部卻一直有很多的錢沒有收到。這個時候，通常浮現的也是兩類的問題：

1）虛報數字增加營收：這一部分的原因和應收帳款大幅波動非常類似，只是拉的時間比較長，甚至可能是自己公司集團之間的相互交易，只有買賣，但根本沒有現金的往來。真正的目的，可能也是要騙取銀行或投資人的資金注入。

所以這個時候，只要認真去看看這些應收帳款的客戶到底是誰，而且為什麼可以持續不斷地欠錢還一直和公司做生意，就可以發現問題的端倪。

2）賺到收入沒賺到錢：這是很多中小企業最悲哀的一件事情，也就是說交易都完成了，帳上收入也都實現了，但是對於「收款」這件事情卻沒有很認真的放在心上。

所以在這種情況之下，雖然不是刻意的虛報數字，但是收入數字其實也是虛的。而且這種公司的危機程度，並不亞於那些蓄意欺瞞、虛報數字的公司。因為這是一種可怕的管理文化和管理習慣，我把它稱之為「賺到收入、沒賺到錢」的可憐企業。所有的企業老闆一定要非常正視這樣子的一個問題。

2. 檢視折舊攤提，避免規則亂改

第二個要關注的是機器設備或者是固定資產「折舊攤提」的部分，而且這裡主要避免管理上的「規則亂改」。至於什麼叫做「規則亂改」？而且為什麼又跟「折舊攤提」會扯上關係呢？先舉個案例給大家看看。

　　曾經有個公司的總經理，才剛剛新官上任不久，他發現去年一整年公司虧損了 100 萬元。雖然他才到公司不久，但是他希望在年底之前能盡快有些作為，展現一點績效，才能顯現他和前一任總經理不同之處。但是認真看了一下今年的業績，好像也沒有比去年好到哪裡去，這個時候他找來了財務經理在研究財務報表的時候，發現了一件事情可以來做「調整」，就是機器設備的「折舊費用」！

　　他發現機器設備的原始成本是 2,000 萬元，而公司一直都是用 10 年的使用年限來做「攤提」，也就是雖然買了 2,000 萬元的機器，但是所有成本要分 10 年來去做分攤，所以每一年要認列 200 萬元的折舊費用，這個 10 年就是折舊攤提的「規則」。

　　原則上，所有折舊攤提的規則，都是由產業或行業的慣例，或者是會計師認可的標準來訂定或實施的，公司內部的人員不能說變就變，要不然外面的人看待這個報表，大家的基準不一致，就沒有比較的價值了。

　　這個初上任的總經理動了歪腦筋，他下令財務經理直接把

規則亂改

規則亂改

找財務會計在機器設備費用動手腳讓折舊減少 100 萬

2,000 萬　÷　10 年　＝　200 萬／年
機器設備　　攤提時間　　折舊費用

2,000 萬　÷　20 年　＝　100 萬／年

亂改

↓
折舊年限不可隨意變動

原來 10 年的規則，改成 20 年，如此一來，原來每一年 200 萬元的折舊費用，一下子就這樣成了一半的 100 萬元。

如果說今年的業績和去年一樣，而費用也和去年差不多，那麼可以想見的大概虧損也會和去年一樣，差不多是 100 萬元左右。經過總經理把折舊攤提的規則一改變之後，立刻費用就少了 100 萬元，換句話說也就讓公司從虧損變成打平。這是一個「多麼了不起的事情」啊！

看到這裡，你一定知道，這不過是隨意亂改規則的一種投機取巧的方法而已。實際上對公司的經營管理，或者是任何業績績效的提升，完全沒有任何的幫助。

所以說當我們在看待資產負債表的折舊攤提，或者是損益表的折舊費用，除了要看總額數字之外，還要特別關注背後的分攤規則是不是有所變動，如果沒有合理的理由而擅自更改規則的話，那基本上就有舞弊的嫌疑，這個時候身為外部的投資人，又或者是公司的股東和董事會，就必須特別留意這種欺騙行為可能帶給公司不利的影響。

一般遇到這種情況，最好的處理方式或者說是預防方法，就是邀請比較具有公信力的公認會計師，或者是知名的會計師事務所來進行查帳，及出具查核過的會計報表。如此一來，透過專業的第三方來進行監督，就可以避免內部人員有任何亂改會計規則的情事發生。

3. 檢視周轉效率，避免效率不彰

第三個特別要關注的就是「周轉率」的部分，而這個周轉

率主要牽涉到的議題，就是避免在管理上的效率不彰。

　　至於什麼是「周轉率」呢？如果用大家比較熟悉例子的話，就是類似我們一般常聽到餐廳所說的「翻桌率」。

效率不彰

效率不彰

效率不彰 指的是周轉率（翻桌率） 不夠快	B餐廳一桌每餐換三次客人 ＞A餐廳一桌只有一次客人 B餐廳的翻桌率是A餐廳的3倍

　　譬如今天 A 餐廳在午餐時段的三個小時裡面供餐，每一張桌子坐滿了一桌客人就不走了，那麼可以說這一桌只做了一趟生意；但是 B 餐廳在午餐的三個小時裡面，平均每隔一小時就做了一趟生意，換句話說在這三小時裡面就做了三趟生意，讓這個桌子的客人翻了三次，「翻桌率」就是前面那個只做一趟生意的三倍。也可以說「周轉率」是前面那個案例的三倍。這所代表的含義，就是我「賺錢速度快」，同一張桌子的「資源運用效率」高。

　　而在公司當中，最重要的周轉率一共有三個，這個在後面的課程，會專門針對周轉率的意義和管理目標做分享，在此先針對基本的定義用例子讓大家有個初步的概念，就知道周轉率的重要性為什麼這麼關鍵。這三個周轉率分別是：

1）總資產周轉率　2）存貨周轉率　3）應收帳款周轉率

三個主要的周轉率

總資產周轉率	資產能否很快創造價值
存貨周轉率	賣得快不快
應收帳款周轉率	錢收得快不快

1）總資產周轉率：總資產周轉率就是投入的「本錢」，能不能很快速的回收，然後一直很快速不斷地創造價值。就拿前面開餐廳來說，如果我的總資產就是這麼一個小店面，加上一張餐桌，如果每一個用餐時段只能做一桌的生意，但我每一個時段能做三桌的生意，我的總資產周轉率，也就是說我的翻桌率就要快得多，那當然代表的也就是能夠不斷地為我在更短的時間之內賺更多的錢創造更多的效益。

2）存貨周轉率：存貨周轉率，就是「存貨消耗的速度」，也可以說是做生意的速度。如果利用前面的例子，假設你一次買的食物材料是能夠提供九桌客人的存貨，假設你每天只提供一個午餐用餐時段，而每個時段只有一桌的客人，那麼要經過九天的時間才能夠把它整個存貨消耗掉，也就是你要經過九天的時間才能把這些存貨轉化成你的收入。

相對的如果你每天雖然只提供一個午餐時段，但是翻桌率是三次，那麼只需要三天的時間就可以把這相當於九桌的存貨給消耗掉，也就代表你在短短的三天就把這些存貨轉換成收入了。

所以說存貨周轉率越高，就代表賺錢速度越快，也就代表公司的「銷貨效率」很高。

3）應收帳款周轉率：應收帳款周轉率指的就是「收錢的速度」。前面說過，賺得到錢很重要，但是收得到錢，而且快速把錢收到更重要。舉個例子，假設你一年做了 120 萬元的生意，但是都是「賒帳」，也就是在帳上掛著「應收帳款」，而其中成本是 50%，也就是 60 萬元，換句話說在這段期間之內，你沒有任何的現金收入進來，所以這 60 萬元的資金你必須靠自己籌措。

但如果你這一年 120 萬元的收入，是每個月結帳，所以每個月都只有 10 萬元的應收帳款，下個月就收到現金，其中 50% 的成本是你必須要準備的資金，也就是只有 5 萬元。

上面那個案例應收帳款的周轉率，一年就是一次而已；而後面則是每個月轉一次、每個月收一次，所以應收帳款周轉率是一年轉了 12 次。而需要準備的資金也只有前面的 1/12。

兩相比較之下，應收帳款周轉率越高的公司，所需要的資金越少，也就代表可以用更少的資金創造更大的收益。

最後我們總結覆盤一下，企業健不健康，可以從財務報表的分析來得到，而本章介紹的三種重要的檢視方式，提供給大家能夠很快又簡單的辨別公司是否處在一個整體健康的情況之下：

1. 檢視應收帳款，避免數字虛報：和同業及歷史比較是否波動過大或水準過高。

2.檢視折舊攤提，避免規則亂改：將所有規則重新還原一致來檢驗。

3.檢視周轉效率，避免效率不彰：關注總資產、存貨及應收帳款周轉率，確認企業很快賺得到錢，同時很快收得到錢。

課後練習

如果你的好朋友要你投資一家新創公司，並告訴你這家公司過去一年的淨利創新高，透過今天的學習，你會要求這家公司提供你什麼樣的資料作為你是否想要投資的依據？

_____

_____

_____

_____

_____

_____

_____

■ 資債配對

經營好好的，就突然倒閉了？

學習三種資金負債配對模式，讓你聰明借錢，進而降低成本、規避風險、開心賺錢

▶ 本課重點

企業及個人的借錢方式分為三種

1 以短支長：短期負債來支應長期資金需求→怕有倒閉風險

2 以長支短：長期負債來支應短期資金需求→容易浪費成本

3 長短匹配：負債與資金需求時間互相匹配→最佳借款方式

如果要跟銀行借款，你傾向於還款時間短一點、利率高一點？還是還款時間拉長，但利率低一點？

　　在這一堂要來講「資債配對」，這邊「資」代表是「資金」，指的是公司當中資金的流進流出，更準確的說起來應該是現金流的規劃和實際的執行；而「債」呢？就是負債，也就是欠別人的款項，包含你欠別人的本金和利息，還有最重要的「期限」，也就是什麼時候還。

　　所以說「資債配對」，就是要關注公司現金流的進出金額時間，和借款本金和利息的還款期限及數額，這兩者之間要互相的搭配。

資債的配對　　資：資金　　債：負債

學習三種資金負債配對模式，讓你聰明借錢

　　一般而言主要有三種最重要的搭配方式，而這三種搭配方式對公司而言會產生什麼樣的影響？實際上在資金需求和借貸的過程當中，應該選擇什麼樣的策略才能夠「避免風險」、「減少成本」，並同時創造增加「公司價值」。這三種資金負債配對是：**1. 以短支長　　2. 以長支短　　3. 長短匹配**

資金與負債的三種配對方式

以短支長	以長支短	互相搭配
以短期負債支應長期資金需求	以長期負債支應短期資金需求	負債期間與資金需求互相搭配

1. 以短支長

　　第一種資金需求和債務互相搭配的方式叫做「以短支長」，也就是用短期的負債，來支應長期的資金需求。我先舉個親身發生的故事，大家就可能會比較有所感覺。

　　記得 1997 年到 2000 年那段時間，我妹婿在廣東東莞有間公司，專門做手機皮套以及相關零配件的貿易生意，偶爾放假的時候，我也會跟著他過去了解他整個事業情況，還有商業模式。雖然當時我在台積電工作，但是對這些中小企業的運作還是非常有興趣，畢竟大公司和小公司的資源完全不同，所以很想理解小公司在資源缺乏的情況之下，是怎麼樣在商業的環境當中力爭上游。

　　其間認識了一個很好的朋友，他是專門做手機周邊的電子配件，後來想要從貿易轉為自己進行生產，所以就租了一個廠房，打算要購置機器設備。自己透過生產，希望能夠更進一步降低成本、提升利潤。但是因為他本身自己的資金不足，所以必須向金融機構借款，可是那時候他在銀行裡面並沒有太多的信用累積，所以銀行不是很放心把款項借給他，他就利用了私

人借貸，也就是我們俗稱的地下錢莊，借了不少錢。

真正的問題就從這邊開始了，一方面是地下錢莊的利息很高，而且借款的時間沒有很長，大概一般都是一個月到三個月左右。但是這位朋友沒有想到他的機器設備和所有工廠的建置，由原來預計的兩個月，卻因為各種不同文件的申請，還有主管機關的核准延遲，導致他將近六個多月的時間還沒有辦法開工。這個時候除了要支付工廠的租金，還有相關前置人員的薪資，再加上地下錢莊沉重的利息費用，已經壓得他喘不過氣來。更可怕的是他沒有任何的收入也就是現金流入，來支撐他支付上面的這些費用，因此他只能用自己原有的存款和借來的高利貸恐慌的度日。

後來又過了兩個多月，眼看資金快要沒有了，但是開工日期還不確定，不知道什麼時候才會有收入，最後他決定牙一咬，認賠殺出，關了這個他原來想要賺錢的工廠，把這些機器設備用很大的折扣給賣出，然後再加上他為數不多的存款，趕快把高利貸的本金和利息給付清，結束了這一場還沒有開始就告終的事業。

後來這位好朋友又重回貿易商的工作，咱們再見面的時候，他如釋重負又語重心長的告訴我：「我最大的敗筆就是借了那個短期的高利貸。」

「如果當初沒有借入那筆高利貸的話，我只要小規模的開始，就算收入和現金流晚一點進來，我都不會有這麼大的壓力。」他說。

「還是用比較低的利率，和銀行借長一點的期限貸款比較沒有壓力。」我建議說道。

　　「是啊！不經一事，不長一智，我現在一定要好好和銀行建立關係，讓銀行未來願意借我錢，並且借我期間長一點的錢，這樣子我東山再起的時候，就可以多放一些心力在我的銷售上面，而不會被財務累得團團轉。」他堅定的回覆著。

　　從這個案例就可以明顯的感受到，「以短支長」，也就是用一個短期借款，去支應一個長時間才會有資金回流的需求或事業，是一件風險非常高的事情。

　　除了公司或企業，其實個人也要非常謹慎這種「以短支長」的情況。不要以為這樣子的狀況不多見，其實「信用卡」的延遲付款，基本上就是一個短期的負債去支應長期的需求。要不然，如果都「量入為出」的話，應該是每一個月都可以把信用卡的款項給付清，而不需要有任何的延遲付款。況且「信用卡」的延遲付款有兩個非常可怕的不利因素：

　　1）利息費用超高：通常信用卡的循環利率是非常高的，常常是大於 10%，換句話說這個比一般的借款利息來得高很多，也就會形成比較高額的成本負擔。

　　2）借款不事生產：通常這種個人借款，都是屬於消費型的貸款，也就是說都是花在吃喝玩樂或購物上面，這種負債沒有辦法創造未來的價值，或者是增加個人的現金流。如果在這種情況之下，很有可能以債養債，會讓自己的借款越來越大，高額利息負擔越來越重，甚至到最後會有個人破產的危機。

　　總而言之，如果你預計未來的現金流會是比較長的時間才

能夠流入，這就是我所說的長期的資金需求，那麼如果真的要
借款的話，借款的期間也必須要夠長，才能夠等到你有能力還
款的那一天，要不然就會有破產或倒閉的風險，這是必須要非
常謹慎的。

2. 以長支短

　　第二種情況剛好跟第一個相反，也就是你的現金流可以很
短的時間之內就流入，換句話說你的資金需求時間不會很長，
但是你卻借了一個比較長期的負債，那麼這個情況會發生什麼
事情呢？

　　同樣先舉個例子，假設你今天和銀行借了一年的貸款，準
備要進行生產的建置，還有原物料的採買，但是因為你不清楚
大概需要花多長的時間才會有收入，所以你就借了這個一年期
的負債，因為你相信一年之內一定會有現金流入。

　　結果沒想到你生產效率很高，銷售能力又非常優異，才不
到半年時間，就完成了所有生產和銷售，並且收到了客戶支付
的現金，這個時候你也有足夠的能力將所有的借款和利息都付
清。但是沒想到你當初的這個借款，是不能夠提前償付的，所
以你必須再等半年，等到借款到期的時候再支付所有的利息和
本金。換言之你必須要多負擔半年的利息，而這個成本就是因
為你的借款期限太長所造成的額外支出。

　　所以說「以長支短」，理論上是一種非常「保守」的借款

策略，也就是說借款人有能力借比較長期的貸款或負債，來支應他短期資金需求或者是不確定期限的資金需求。

通常這種情況，如果借款是不能夠提前償付的，就會讓借款人有可能要支應比較高額的利息支出，如果本身利息費用不是很多而且多出的時間不是很長，那麼對於借款人倒也不會形成太大的壓力。但是如果借款的時間太長，而且「利息費用」也不少的情況之下，那麼這種成本的浪費就也必須非常的謹慎了。

3. 長短匹配

聽完了前面的兩種情形，簡單來說就是資金需求的情況，和你借款的期間沒有辦法完全配合，以至於造成現金不足的倒閉風險，或是明明可以支付卻必須要等到借款到期，而額外支出不必要的利息負擔。

可能有人會說，這還不簡單嗎？既然如此就看我的資金需求到底是多長多短的期間，就借一個可以互相匹配的貸款不就好了。

其實，這就是「標準答案」。

只是金融機構過去在借款期間都沒有這麼的彈性，或者是說，就算有多各種不同期間的貸款方式可供選擇，借款人也不一定清楚自己的資金需求，到底什麼時候才會有真的現金流量流入，而這個流入的金額是不是剛好能夠跟借款互相匹配。所以說這種借款期間的長短，和現金流入的時間搭配，一直都是借款人心中的關注重點。

而現在銀行針對這樣子的需求，已經可以和企業簽訂所謂的

「循環信用額度」，簡單地說，就是可以「隨借隨還」。相當於資金需求多長的期間，就可以借一個互相匹配的貸款。

舉個例子，如果你預估在明年會有一個 100 萬元的借款需求，但是你不知道這個 100 萬元的借款會在什麼時候發生，那麼這個時候你就可以和銀行簽訂一個 100 萬元「隨借隨還」的循環信用額度。

如此一來，如果到了明年你根本沒有任何的借款需求發生，那麼你也就不需要支付任何利息費用。但是當你真的在這 100 萬元的範圍內借了一筆錢，而在三個月之後你就有錢還了，那麼你只需要支付本金還有這三個月的利息費用。換句話說，不管是借長期或是短期，只要當你有錢的時候，就可以隨時償還借款，讓資金需求和負債能夠達到完美的匹配。

這就是我們所說「長短匹配」最美好的狀態。

但是就像我剛才說的，這個叫做循環的「信用」額度，所以一定是給在銀行裡面信用良好的客戶才能夠有這樣子的權利，這也就是為什麼我們和很多創業家或者是企業主常常在聊的重點，**「借錢不是壞事，有借有還才有信用」**。

當你有借有還的時候，並且你所有的資金往來，都在銀行裡面留下完整的紀錄，那麼當銀行在審批要不要給你這些「隨借隨還」額度的時候，他就能夠評估給你這個「額度」，會不會有風險，你能不能償還得起，這是「長短匹配」借款，一般能夠成立的前提條件。

所以，和銀行保持良好的信用關係，必要的時候建立「有

借有還」的紀錄，那麼對於你未來真正需要資金的時候，相信銀行會成為你非常得力的資源和支援。

　　總之，這一堂告訴大家的是，借錢一定要非常聰明的借錢，也就是讓實際需求的時間，搭配現金流入的時間，和整個借款的期間要能夠互相的匹配，如此一來借錢不但不是壞事而且還能夠達到「降低成本」、「規避風險」還有「開心賺錢」的三大好處。

　　在課程的最後我分享自己非常喜歡的一個「聰明借錢」案例給大家：

　　話說有一個人跑到華爾街一家大銀行借了 5,000 元美金的貸款，借期兩周，這時候銀行經理告訴他銀行貸款必須要有抵押，這位仁兄就問說：「用停在門口的勞斯萊斯做抵押，可以嗎？」銀行職員說：「當然可以。」然後就很開心的把車停在車庫裡，然後借給他 5,000 元。

　　兩週後這個人來還錢，利息共 15 元。銀行職員突然發現這個人帳上有幾千萬，原來他是個不折不扣的富豪。接著職員就滿腹狐疑的問他：「先生，您有這麼多錢，為什麼還要借錢？」這位富豪微笑著說：「花 15 元美金可以停兩週的停車場，在華爾街是永遠找不到的！」您說這是不是非常聰明的借錢呢？

課後練習

能不能從你生活工作當中，舉出身邊「聰明借錢」的案例，也就是透過借錢，不僅沒有負擔，反而能夠降低成本或者增加收入。

_____

_____

_____

_____

_____

_____

_____

_____

_____

_____

■ 經營能力

我想要改善管理多賺一點，
從哪裡著手？

三個周轉率，讓你火眼金睛看穿並改善經營能力

假設 A 和 B 的總資產都是 100 元，A 的淨利率是
50%，總資產周轉率是 1；B 的淨利率是 6%，總資
產周轉率是 12，實際上誰賺得比較多？

　　在第 16 課企業健檢的那一堂，曾經特別提到「周轉率」在
企業中的經營績效裡扮演著非常關鍵的角色。在這一堂裡就要
針對存貨周轉率、應收帳款周轉率，以及總資產周轉率做進一
步的說明，讓大家理解實質內容和管理意涵，並進一步藉由這
三個周轉率的管理確實提升我們的經營能力。

1. 存貨周轉率

　　存貨周轉率的公式如下：

存貨周轉率＝銷售成本 ÷ 平均存貨

　　這個公式的意義，「銷貨成本」可以說明這一年當中全部
賣出去的存貨；而「平均存貨」指的是年初和年底存貨加總的
平均值，所以這指的是我們一年當中一共把存貨賣出去了幾次。
如果賣出去的次數越多，存貨周轉率的數字越大，就代表銷售
存貨的能力非常的強大。

　　下面舉個例子，今年一年所有賣出去的銷貨成本是 1,200 萬

元，而從年初到年底平均在帳上都只有 200 萬元的存貨。換句話說如果把 1,200 萬元的銷貨成本除上平均存貨的 200 萬元，所得到的 6，就代表今年一共把存貨平均賣出去了 6 次。因為一年是 12 個月，所以等於 12 個月賣了 6 次的存貨，就等於每 2 個月存貨就賣出去了一次。（案例一）

案例一　存貨周轉率

1200萬　÷　200萬　= 6次
銷售成本　　　平均存貨　　　存貨周轉率

相當於每 2 個月把貨賣光

如果修正一下上面的例子，把平均存貨水準從 200 萬元降到 100 萬元會有什麼差別嗎？如此一來，存貨周轉率就會從 6 次增加變成 12 次。也就代表每 1 個月就會把存貨賣出去一次，所以把存貨賣得越快的同時也可以發現，只要準備原來一半的存貨水準就可以了。

因此從這個案例可以歸納出，存貨周轉率越高可以為企業帶來的三個主要好處：

1）避免資金積壓　2）避免跌價風險　3）降低管理成本

1）避免資金積壓

從前面的例子可以看出來，當存貨周轉率從 6 次提升到 12 次的時候，平均的存貨水準就可以從 200 萬元降到 100 萬元；

也就是說手邊只要有 100 萬元來購買存貨就可以了，如此一來就可以用比較少的資金，去賺取和別人同樣多的收入，這對一個創業者而言，是一種非常好的風險降低方式。

2）避免跌價風險

第二個比較關鍵的，就是存貨賣得越快，就可以避免有快速降價時遭受跌價損失的風險。

就拿我以前待過的半導體公司而言，主要的銷售商品是 DRAM，又叫做動態存取記憶體。記得我在職工作的那幾年，平均每年價格的跌幅高達 40%，也就是說如果這個商品在年初是買 100 元的話，到了年底只剩下 60 元了。

若以每一個月平均算起來，每月跌價就是 3% 多，所以如果今天比別人晚一個月賣出這個產品的話，就會比別人少賺了 3%。不要小看這 3%，假設銷售額是 100 億，那麼就是少賺了 3 億，所以存貨賣得越快也可以避免遭受跌價的風險。（案例二）

3）降低管理成本

　　最後我們都知道存貨是需要佔用空間的，也是需要被管理的，不管是進貨、倉儲、物流，一直到出貨，當所需要處理的平均存貨越高，當然相對應的複雜度和管理成本也會越高，這也就是為什麼快速的存貨周轉率，可以讓存貨水準降低，並進一步降低管理成本。

2. 應收帳款周轉率

　　應收帳款周轉率的公式如下：

> **應收帳款周轉率＝銷貨收入 ÷ 平均應收帳款**

　　這個公式中的「銷貨收入」，就是代表一年當中公司賺得的所有應該收到的錢；而「平均應收帳款」則是年初和年底兩個加總平均之後，所得到留在帳上的平均應收帳款數額；簡單來說，就是代表「收款的次數」。如果次數越高就代表收到現金的能力越強，如果次數越低，就代表我們收錢的能力很差。

　　舉個最明顯的例子，如果銷貨收入等於平均應收帳款，也就是應收帳款周轉率等於 1，那麼就代表所賺的錢，一毛錢都還沒有收到，全部都是「賒銷」，如此一來對於企業而言，「現金管理」就會是一個非常大的危機。畢竟，「賺得到錢」固然

重要，但是「收得到錢」，能夠把現金留在身邊才是一個企業更重要的事情。

下面舉個例子，今年一整年的銷貨收入是 2,400 萬元，而年初到年底的平均應收帳款，留在帳上的是 600 萬元，也就是平均在帳上有 600 萬元是賺了錢但沒有收到錢的。所以用這個銷貨收入除上平均應收帳款，就得到了 4 次的應收帳款周轉率。也就是說每一年平均是收了 4 次錢，一年有 12 個月，所以是每三個月才可以把賺的錢收回來。（案例三）

案例三　應收帳款周轉率

$$2,400 萬 \div 600 萬 = 4 次$$

銷貨收入　　平均應收帳款　　應收帳款周轉率

> 一年收款平均 4 次，
> 相當於交易完成後，每三個月才能夠把錢收回來

如果修正一下上面的案例，把平均應收帳款從 600 萬元降到 200 萬元會發生什麼事呢？會發現我們的應收帳款周轉率從 4 次變成 12 次，也就是本來每三個月才能收到一次錢，變成每個月都可以收到現金貨款。

其實從平均應收帳款水準的 600 萬元降到 200 萬元，就知道收錢的能力大幅增加了。而從上面這個例子也可以得到，提高應收帳款周轉率有三個非常重要的好處：

1）避免資金積壓　　2）避免借款成本　　3）避免壞帳風險

1）避免資金積壓

應收帳款周轉率從 4 次增加到 12 次，平均應收帳款就從 600 萬元降到 200 萬元，就代表這減少的平均 400 萬元應收帳款，已經變成現金放在身邊。

否則的話，這 400 萬元沒有收回來的現金，就視同是積壓在客戶的手中一樣，我們不能夠做任何的使用，這個對於公司而言不是一件有利的事情。

2）避免借款成本

上述這種「很久才收到錢」的情況，還會造成公司內部的資金短缺，那麼公司很可能還要向金融機構去進行借貸，並承擔相關的利息費用，也就會增加公司的借款成本。這也就是為什麼公司常常會用「現金折扣」的方式讓客戶早點把應收帳款付清。

比方客戶是三個月後才要把錢付給你，但是現在提供他 2% 的折扣，讓他立刻把錢給你。就客戶而言，這個 2% 的現金折扣事實上相當於是他向你借款的利息費用，而 2% 是三個月的利息費用，轉成一年的年利率就是 8%。所以當客戶認知到他的利息費用是這麼高的時候，可能就願意立刻把現金付給你，而對你而言等於就是少收了 8% 的利息收入，但快速收回了現金。

但是想想看如果你沒有把這筆現金收回來，反而自己要去借錢的話，說不定會承擔比 8% 更高的利息成本，所以這個時候考量先把現金收到手，反而是件對自己有利的事情。

3）避免壞帳風險

　　第三個更重要的就是如果應收帳款的周轉率越低，就代表你被拖欠款項的時間非常長，這個時候錢收不回來的風險也相對會更高，這在財務會計上面就叫做「壞帳」。

　　如果壞帳的比例很高，就代表你看起來賺錢賺得很開心，但是事實上把錢收回來的比率非常低，說實話沒收到錢的生意還不如不做，因為做了也是白做。所以提高應收帳款周轉率的主要關鍵，也是要避免壞帳的發生。

3. 總資產周轉率

　　總資產周轉率的公式如下：

> 總資產周轉率＝銷貨收入 ÷ 平均總資產

　　用一整年的「銷貨收入」去除年初到年底的「平均總資產」，就可以得到總資產周轉率；簡單地說就是要花多久的時間可以把總資產給賺回來。

　　如果你一年做的生意收入是 2,400 萬元，而平均的總資產也是 2,400 萬元，那麼你的總資產周轉率就是銷貨收入除上平均總資產等於 1 次。也就是說你花一年的時間就可以賺回一個總資產。（案例四）

案例四 總資產周轉率

2,400萬 ÷ **2,400萬** = **1**次
銷貨收入　　平均總資產　　總資產周轉率

一年賺一個總資產

　　如果把這個例子做個極端的修正，將平均總資產從 2,400 萬元降到 200 萬元，可以看到，總資產周轉率從 1 次提升到 12 次，簡單地說就是一年之內可以把總資產賺回 12 次。（案例五）

案例五 總資產周轉率

2,400萬 ÷ **200**萬 = **12**次
銷貨收入　　平均總資產　　總資產周轉率

一年賺 12 個總資產

　　而如此提升總資產周轉率的做法，也可以歸納三個在管理上的主要好處：

1）資產快速回收　　2）增加資產報酬　　3）提高投資彈性

1）資產快速回收

　　當我們把資產從 2400 萬元降低到 200 萬元的時候，可以看到總資產周轉率從 1 次提升到 12 次。也就是案例四要花一年的

時間，才能夠把總資產本錢給賺回來。但是修正一下後的案例五，就只需花一個月的時間就可以把總資產本錢給賺回來了。

　　所以總資產周轉率越快，也就代表可以快點把錢給賺回來，這樣子越快回收成本的做法，對於資源不多的創業家而言更是一件至關重要的事情。

2）增加資產報酬

　　假設前面兩個例子的整體銷貨收入都是 2400 萬元，而淨利都是 120 萬元；那麼在案例四裡面平均總資產是 2400 萬元，所以總資產報酬率就是 5%。

　　而當我們看案例五的時候，平均總資產只有 200 萬元，所以總資產報酬率立刻提升到了 60%。

　　這個原因很簡單，當總資產周轉率很高的時候，因為你可以快速地把錢給賺回來，所以手邊不需要準備這麼多的資產。

	案例四	案例五
平均總資產	2,400 萬	200 萬
銷貨收入	2,400 萬	2,400 萬
淨利	120 萬	120 萬
總資產周轉率	1 次	12 次
總資產報酬率	5%	60%

換句話說，你可以用比較少的資源和別人賺一樣多的錢，那麼當然也就提高了資產報酬率，讓你的資產使用效能可以有更優異的表現。

3）提高投資彈性

當我們有較高的總資產周轉率的時候，一方面代表可以快速的把本錢給賺回來，讓資產的使用效能能夠比較高。另外一方面，也可以代表當我們面對外在環境變化的時候，可以比別人有更快的應變能力。

譬如前面的案例四需要一年的時間才能夠把本錢賺回來，而案例五只需要一個月的時間就把本錢賺回來了。在這種情況之下如果外在的市場環境有所變化，讓所想要經營的產品或服務已經不再具有吸引力的時候，這時候案例四想要進行調整就沒有像案例五來的這麼快速和有彈性。畢竟當我們可以快速把錢賺回來的時候，在策略的調整上面，會比較沒有負擔而可以更有決斷力。

最後來總結覆盤一下，如果想要改善經營管理能力，就財務上可以從「周轉率」著手，這一章介紹三個非常實用的周轉率給大家，如何從資產負債表觀察公司的賺錢效能：

一、存貨周轉率：東西賣得越快越好

1. 避免資金積壓　2. 避免跌價風險　3. 降低管理成本

二、應收帳款周轉率：帳款越快收回越好

1. 避免資金積壓　　2. 避免借款成本　　3. 避免壞帳風險

三、總資產周轉率：資產回收越快越好

1. 資產快速回收　　2. 增加資產報酬　　3. 提高投資彈性

課後練習

如果要創業開設「服飾店」和「外帶式手搖飲料店」，利用周轉率的分析，試著在三種周轉率上分析比較他們的優劣勢。

■ 資產報酬

淨利率很低也能活嗎？

一個公式三個元素，讓你看起來賺得少，實際上賺得多

▶ 本課重點

1 財務管理要建立「公式思維」的模式。

2 透過「淨利率」和「總資產周轉率」來創造「總資產報酬率」的效益。

> 有兩樣相同定價的商品讓你選擇去販售，分別是手
> 工皂和咖啡，你會選擇販售哪一種商品來讓自己獲
> 得較高的資產報酬？

學習「公式思維」

這一堂要來和大家分享的是很重要的一個關鍵指標「總資產報酬率」。

很多人常常要我推薦一個最關鍵的財務分析指標，我通常都會說，如果要推薦最重要的財務分析 KPI（Key Performance Indicator），我就會建議這個「總資產報酬率」。

在此我也要和大家分享一下，常常會有很多人一談到關鍵績效指標 KPI，就列出一大堆，但是既然是關鍵，既然是 Key，理論上就不應該太多，要不然如果不是什麼重中之重的指標，也不能說是「關鍵」了，不是嗎？

總資產報酬率，就是我認為在財務分析當中非常重要的關鍵績效指標 KPI。

通常在「財務分析」的時候，常常是很多組的元素數據，組成一個公式，然後由這個公式計算出相對應的數字，再透過這些數字的比較，理解對其管理意涵是好還是不好；然後再回過頭來透過這些組成的元素，去尋找好還是不好的原因。

換句話說，在整個判斷過程當中，不是用自己的直觀或是

感覺來做決定，而是透過一個很明確的邏輯思維，這個思維是經由不同的元素所組成的公式來去幫助我們判定的，在這邊我就把它定義為「公式思維」。

　　其實所有的分析都是依循這種公式思維，來協助避免落入主觀判定的思維陷阱，而總資產報酬率就會是一個非常好的公式思維學習案例。現在來看看總資產報酬率的公式是怎麼計算的呢？

$$總資產報酬率＝淨利 \div 總資產$$

　　分子是淨利，也就是一年賺了多少錢，而分母就是總資產；打個比方，總資產是 100 萬元，而淨利今年賺了 10 萬元，那麼總資產報酬率就是 10 萬元除以 100 萬元，也就是 10%。

主要公式

$$\frac{淨利 10 萬}{總資產 100 萬} ＝ 10\%（總資產的報酬率）$$

　　如果把這個公式簡單變化一下，就是把淨利和總資產的分子和分母分別乘上銷貨收入，由於分子分母同乘的關係，這個等式是不變的。而在這個情況之下，做點調整就可以得到淨利除上銷貨收入等於淨利率，而銷貨收入除上總資產，就得到總資產周轉率。這一組公式在事業經營上面會是非常重要的一個策略指導原則。

總資產報酬率
＝ 淨利／總資產
＝（淨利／銷貨收入）×（銷貨收入／總資產）
＝ 淨利率 × 總資產周轉率

變化版公式

$$\frac{淨利\,10\,萬 \times 銷貨收入}{總資產\,100\,萬 \times 銷貨收入} = 10\%（總資產的報酬率）$$

舉個例子，一家 A 公司，每賣出 100 元的商品，平均賺 6 元，也就是 6% 的淨利；另外一家 B 公司，很驕傲的說 100 元的收入，可以淨賺 50 元，也就是淨利高達 50%。在這種情況之下，是不是看起來 B 公司比 A 公司優秀很多？

	A 公司	B 公司
銷售額	100	100
淨利	6	50
淨利率	6%	50%

這個時候如果再加入另外一個元素進去，也就是「時間」。接著告訴你 B 公司一整年就賺這麼一回，也就是說一年的周轉次數也就是一次；而 A 公司呢？每個月都賺一次，也就是說一年的周轉次數就高達 12 次。

所以說一年在 B 公司而言，賺了淨利就是 50 元，但是 A 公司每個月賺 6 元，一共賺了 12 次，所以實際上是賺了 72 元。

	A 公司	B 公司
銷售額（月）	100	100
淨利	6	50
淨利率	6%	50%
一年周轉次數	12	1
一年銷售額	1,200	100
一年總淨利	72	50

　　假設這兩間公司的總資產都是 100 塊錢，那麼一年之後就算 B 公司的淨利率 50% 很高，而 A 公司的淨利率只有 6%，但是 A 公司因為周轉次數快，雖然淨利只有 6%，但是一年累積下來的總淨利高達 72 元，所以總資產報酬率就變成了 72%，高過了 B 公司的 50%。

	A 公司	B 公司
銷售額（月）	100	100
淨利	6	50
淨利率	6%	50%
一年周轉次數	12	1
一年銷售額	1,200	100
一年總淨利	72	50
總資產	100	100
總資產報酬率	72%	50%

這裡面到底發生了什麼事呢？

讓我們再回頭看看剛剛的公式，整個總資產報酬率原來是淨利除上總資產，但是進一步拆分之後，就變成了淨利率乘上總資產周轉率。

所以從這樣的公式思維來看，會發現如果淨利率很低，沒有辦法和別人在淨利率上相抗衡的時候，有沒有辦法提高總資產報酬率來讓賺錢的效能超越別人呢？

答案是「有的」！就是讓你的迴轉次數，也就是總資產的周轉率越快越好。這個就是傳統說的「薄利多銷」。

透過公式思維所得到的啟發

不要小看在日常生活中碰到的這些小吃店、小商販，還有菜市場裡面這些商家，坦白講也許他們看起來的利潤不是很高，但是每天都在迴轉、每天都在賣，因此就算他跟你出了同樣多的本錢，可是在同樣的時間之內賺的「次數」比你來得多，就可以累積比你更多的「淨利總額」，達成比你更高的總資產報酬率。

所以在這裡銷售的效率還有迴轉的次數，就變得非常重要和關鍵，所以我常喜歡說，與其說是「薄利多銷」倒不如說是「薄利快銷」，比較符合總資產周轉率所能夠產生的實質意義。

換句話說，不要低估了那些淨利率不是很高的企業或商品，

如果你的總資產周轉率可以非常高的時候，就算是淨利率很低，仍然可以賺出很棒的總資產報酬率。

　　其實像這樣的例子在我們周遭比比皆是，比如在日常可以看到的兩個商品，手工皂和咖啡，如果說這兩個產品售價都是 150 元，而淨利率都是 10%，那麼透過上面總資產報酬率的公式思維可以得到什麼樣的啟發呢？

　　就以一個月的時間來做點假設補充，假設一塊手工皂可以用半個月，換句話說一個月就買兩塊手工皂；而喝咖啡呢？幾乎已經成為每個人每天的習慣了，假設每天都要喝咖啡，所以一個月就等於喝了三十天的咖啡。在這種情況之下，手工皂每個月的迴轉次數就是 2 次，而咖啡的迴轉次數就是 30 次，也就是咖啡的迴轉次數或是說購買次數是手工皂的 15 倍。

	手工皂	咖啡
價格	150	150
淨利	15	15
淨利率	10%	10%
一個月周轉次數	2	30
總資產	1,000	1,000
一個月收入	300	4,500
一個月淨利	30	450
總資產報酬率（月）	3%	45%

假設這兩個商品的總資產投入都是 1,000 元，那麼在經營一個月後，會發現手工皂只賣了兩次所以淨利是 30 元，而咖啡賣了 30 次，所以淨利是 450 元，在這種情況之下咖啡的總資產報酬率是 45%，而手工皂卻只有 3%，也就是咖啡的報酬率是手工皂的 15 倍，剛剛好就等於周轉率次數的倍數。

也就是說當所有其他條件都不變的情況之下，如果你能夠選擇一個迴轉次數高的商品，就可能賺得比別人來得多，獲得比較高的總資產報酬率。

這也就是我們常常聽到別人說，一個好的商品去做生意，最好是「高頻剛需」，也就是說這個商品的需求是非常強勁的，而買它的頻率又是非常高的，那就非常符合上面公式所說的高周轉次數的概念了。

所以透過這種淨利率還有資產周轉率，可以幫助我們思考商業模式，還有本身的商品到底適不適合進行經營。

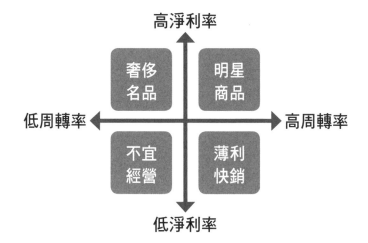

　　透過二維的矩陣分析，當然最希望的是淨利率高、周轉次數也高的明星商品，但是這種商品可遇不可求，又或者是當你一開發出來之後，很可能競爭者就會爭相湧入，進一步形成價格戰降低淨利率。就算是如此，如果淨利率不是很高，只要迴轉速度夠快，一樣可以透過薄利快銷，來提升總資產報酬率。

　　但如果商品本身購買的次數就不是很高，就必須確定此商品具有比較高的獲利能力。其實有很多高附加價值的商品，或者是奢侈品，都是採取這樣子的定價與經營模式。

　　至於最後一種也就是周轉次數低，而淨利率又低的商品，就不是這麼適合經營了，因為從公式的角度來分析，這商品就不是一個好的選擇標的；又或者是說，如果我們想把它變成為是一個好的選擇標的的話，就應該調整其附加價值讓淨利變高，又或者是要提升銷售效率，使迴轉次數能夠更快，這才是一個好的經營之道。

　　透過這樣子的一個分析，就可以理解為什麼許多排隊餐廳名店，打著 CP 值很高，讓你吃到飽、讓你吃到好，在這種情況之下可想而知餐廳的淨利可能不是很高的，但是往往會限制在兩個小時之內要能夠用餐完畢，這樣兩個小時的限制主要目的，就是希望能夠提高餐廳的翻桌率，也就是周轉次數。如此一來，就算淨利不高，但是在周轉次數很高的情況之下，一樣可以交出很好的成績單，達到不錯的總資產報酬率。

　　如果我們的淨利非常高，當然就有能力去容忍一下周轉次

數不是很高，但是無論如何，持續不斷提高商品的周轉次數，讓翻桌率更快，進一步推升總資產報酬率，永遠都是商業追求的終極目標。

最後再來總結覆盤一下：

我們知道資產是要賺取「效益」的，因此透過總資產報酬率要素分解的一個「公式思維」，就可以協助我們判斷資產報酬率是否合乎預期，又或者要如何能夠持續不斷地優化？

總資產報酬率＝淨利／總資產
＝（淨利／銷貨收入）×（銷貨收入／總資產）
＝淨利率 × 總資產周轉率

透過「淨利」、「總資產」和「銷貨收入」三個元素的組合，知道總資產報酬率可以分解成「淨利率」和「總資產周轉率」兩個重要指標。如果兩個指標同時提升，那當然是可以創造所謂的明星商品，達到最有效益的總資產報酬率；但如果不能同時得兼，至少有讓一個指標能夠勝出或出類拔萃，才能夠在競爭的環境中獲得優異的報酬。

課後練習

用你身邊的案例，配合上述淨利率和周轉次數矩陣，個別找出一個商品並理解其商業模式。

■ 現金流量表

公司缺錢到底該怎麼辦？

三來源告訴我們現金哪裡來，哪種現金比較好？

▶ 本課重點

● 現金的三大來源

　　1 經營現金流：主營商品服務經營產生的現金流。

　　2 投資現金流：本業或非本業投資及處置所產生的現金流。

　　3 籌資現金流：借還款或增減資及分紅所產生的現金流。

● 經營現金流最為關鍵，是公司價值衡量的關鍵；

　經營現金流預期越大，對籌資會更加的容易。

如果做生意銷售商品就是為了賺錢變現，那為什麼有些損益表明明看起來有賺錢，但實際上身邊卻沒有現金？

　　現金是公司或個人最重要的資源，不管任何資產原物料或者是任何服務的取得，現金都是一個最重要的衡量工具。而所有企業或個人累積財富的目的，也是以現金作為最關鍵的依據。

　　很多經營者非常關注損益表和資產負債表的經營成果和管理效能，但是卻忽略了在大多數時候，損益表和資產負債表所呈現的只是一堆數字的集合，真正關鍵能夠影響企業存續的，還是在銀行帳戶裡實實在在的「現金」數字。所以現金流量表和有關實際現金的進出狀況，絕對是值得個人或者是每一個經理人應該隨時不斷關注的重點。

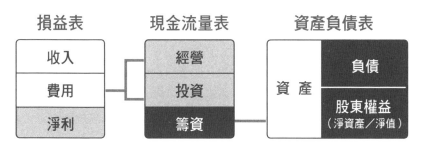

　　這一堂首先要跟大家分享的是，就一個公司而言到底現金的來源有哪些？而我們常講的收入和費用是不是直接就代表著現金的進出？這些現金的來源，有沒有什麼是最值得應該去關注的？首先有關企業的主要現金來源有三大塊：

　　1. 經營現金流　2. 投資現金流　3. 籌資現金流

1. 經營現金流

　　經營的現金流量，其實就是所有做生意銷售商品服務，相關的所有的現金流進和流出。這個時候很多人心中可能就會有疑問，既然是和做生意還有販售商品跟服務相關，那麼不是只要看損益表就可以知道現金流量到底情況是如何了嗎？

　　原則上這樣子的假設是可以成立的，但成立的條件是我們跟做生意相關的所有支出和收入，都是用現金「立刻」支付，換句話說不管是向供應商買進商品，或者是銷售商品給客戶，都沒有任何賒銷或者是賒欠的情況發生，也就是說「現金交付」和「交易完成」是同時發生的，那麼在這種情況之下損益表結果的呈現，也就是淨利或者是損失，就可以當成是現金的淨增加或是淨減少。

　　但是在實際的商業環境中，「現金交付」和「交易完成」事實上是會有「時間差」的，也就是因為如此，所以在關注經營現金流量的時候，除了理解損益表賺錢的情況，更要關注實

際上現金的收付，如此才可以避免損益表看起來賺錢，但事實上手邊沒有現金可用的窘境。

一般而言，實際費用和收入的發生，和現金的流進流出會產生「時間差」的狀況主要有三種：

1）和現金無關的費用

2）應收和預收的收入

3）應付和預付的費用

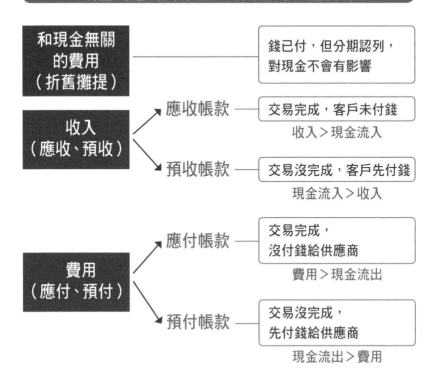

現金流進流出會產生時間差的三種狀況

和現金無關的費用（折舊攤提）		錢已付，但分期認列，對現金不會有影響
收入（應收、預收）	應收帳款	交易完成，客戶未付錢　收入＞現金流入
	預收帳款	交易沒完成，客戶先付錢　現金流入＞收入
費用（應付、預付）	應付帳款	交易完成，沒付錢給供應商　費用＞現金流出
	預付帳款	交易沒完成，先付錢給供應商　現金流出＞費用

1）和現金無關的費用：折舊攤提

在損益表裡面會看到一種費用叫做「折舊」或者是「攤提」，這種費用雖然在損益表裡面代表的是一種支出或是花費，但是實際上並沒有真正的在那段期間產生任何的現金付出，而是在更早以前就已經把錢給付出去了。

只是更早以前付出去的金錢並沒有一次把它當成費用，而是在未來的時間裡面慢慢地「認列」。

打個比方，我們買了一個生產機台，花費了 600 萬元，但是預計這個機台可以使用五年，所以在會計的處理上就會把這 600 萬元分成五年 60 個月慢慢去認列費用，所以在看損益表的時候，就會產生一個「每月 10 萬元」（600 萬／ 60 個月）的折舊費用。

這個時候你會發現，這個生產機台的原始成本 600 萬元早就付出去了，但是每個月在帳上認列的 10 萬元折舊費用，其實是沒有現金流出的，所以這部分的費用雖然會影響我們的損益表的淨利，但是對於現金而言卻不會有任何的影響。

2）應收和預收的收入：客戶交易和收錢的時間不一致

第二個在損益表上會發生時間差的原因是，「客戶付錢的時間，和實際上交易完成的時間不一樣」，這種情況有兩種：

A. 應收帳款（交易完成了，但是客戶還沒有付錢）：會計上所謂的「應收帳款」，反映在損益表上面，就是已經確認有收入了，但實際上金錢還沒有入帳，也就是所謂的「賒銷」。

打個比方，你是一個家具公司，賣了一組沙發 2 萬元給一個客戶，交易完成之後也開立發票給客戶了，但是客戶說一個禮拜之後再把錢匯到你的帳戶裡面，在這個情況之下雖然知道交易已經完成了，公司也可以承認這筆收入，但是你並沒有收到現金，還要到一個禮拜之後才能夠收到現金款項，所以在這個時候就會有「應收帳款」2 萬元。而這「一週」的時間，就是收入承認和現金收到的時間差。所以當有「應收帳款」的時候，你認列的收入，會大於你實際收到的現金數額。

> ### 應收帳款：收入數額 > 現金流入數額

B. 預收帳款（交易沒完成，客戶卻先付錢）：這個「預收帳款」就是你先收了客戶的錢，但是你要提供給客戶的商品和服務卻還沒有給客戶，也就是說交易並還沒完成。

通常類似會員和俱樂部的「訂閱制度」和「預付制度」就都屬於這種情況。譬如你參加健身俱樂部，每個月 1,000 元，你先預付了一年 1 萬 2 千元，在這個情況之下，俱樂部一下子就有 1 萬 2 千元的入帳，但是在損益表上面，每一個月只能承認 1,000 元的收入；又譬如你訂閱了一年的雜誌費用是 1,200 元，所以雜誌社一下子就有了 1,200 元的現金進帳，但是雜誌社也不能一下子全部認列成收入，必須每個月只能認列 100 元的收入。換句話說，當有「預收帳款」的時候，實際上收到的現金，會大於認列收入的數額。

> **預收帳款：現金流入數額 > 收入數額**

3）應付和預付的費用：供應商交易和收錢的時間不一致

第三個會發生時間差的主要原因，是付錢給供應商的時間，和完成交易的時間不一致。這種情況也有兩種：

A. 應付帳款（交易完成了，還沒有付錢給供應商）： 這個「應付帳款」的產生，就是我們已經接受了供應商的商品或服務，完成了交易，但是還沒有把錢付清，也就是還欠著供應商的錢。這種情況之下，實際發生的費用，會大於實際現金的支出。

比如請了水電行來公司幫忙修理電器，花費的費用是 2,000 元，但是和水電行約定三天之後再進行付款，所以這三天你就欠水電行 2,000 元，也就是說費用已經發生了，交易已經完成，但是現金卻還沒有流出。因此當應付帳款發生的時候，實際發生的費用會大於實際現金流出的數額。

> **應付帳款：費用數額 > 現金流出數額**

B. 預付帳款（交易沒完成，卻先付錢給供應商）： 這個「預付帳款」，就是代表還沒有完成跟供應商的交易，但是就已經先把現金支付給他們了。

譬如公司要邀請一個名人來演講，在提前一個月的時候就先預付了演講費，那麼這個先支出的演講現金，實際的交易完

成要在一個月之後，也就是費用是一個月後才發生，但是你已經提前讓現金流出去了。因此預付款項發生的時候，實際上付出的現金會大於實際費用發生的數額。

> **預付帳款：現金流出數額 > 費用數額**

　　理解完三個主要影響現金「時間差」的因素之後，就可以知道為什麼不能只關注損益表的淨利數字，還必須花時間隨時了解現金流量表，或者說是現金流進流出的時間和實際數字。

　　因為「現金為王」，「現金」才是維繫一個企業生存關鍵的重要命脈，如果賺到了錢卻沒有收到錢，而讓企業陷入危機，那可就是一件最說不過去的事情了。

2. 投資現金流：金融資產、固定資產買賣

　　除了本業的商品服務交易之外，也就是經營現金流之外，第二個介紹的，就是企業也會透過「投資」的行為，來影響現金的流進流出。而這種投資行為一般也可以分成兩大類：

　　1）本業相關的投資　2）本業無關的投資

1）本業相關的投資

　　最常見跟本業相關的投資，就是購買要生產的土地、廠房

和機器設備等等，又或者是辦公大樓以及店面，這些都是為了做生意或進行商業行為所做的採購，就會造成現金的流出。

譬如公司買了一間辦公室給總部人員辦公使用，一共花了1,000萬元，這個時候在資產負債表上就會多了一項辦公室資產，當然相對應的也就會減少了1,000萬元的現金。

相反地如果是出售公司的機器設備、土地或廠房，以及辦公室等等，那麼就會讓公司有現金的流入。假設因為公司要搬遷，而把上面那間原來1,000萬元的辦公室給賣掉，因為降價求售賣了800萬元，也就是損失200萬元，這個時候在損益表上面會出現200萬元損失，但是反而在現金流量表上面，會多出一個800萬的現金流入。

2）本業無關的投資

和本業無關的投資，最常見的莫過於就是公司投資一些相關的金融資產，譬如股票、債券或期貨等等；而當你買進這些金融資產的時候，就會有現金的流出，但當你賣出這些金融資產的時候，除了會有現金的流入之外，也會有相對應的獲利或損失呈現在損益表上面。

譬如你買了一張股票2萬元，在資產負債表上會多了一個短期投資2萬元的資產，但是會同時減少2萬元的現金；假設你最後用3萬元賣出，那麼將會有3萬元的現金流入，並且在損益表上面會呈現1萬元的投資收益。

　　這邊順帶說明的是，和本業無關的投資要特別的謹慎，因為這一部分如果所呈現的交易太過於頻繁，又或者是投資方向太過於紊亂的話，不僅對於本業的經營風險會有很大的影響，也會給別人有種「不務正業」的感覺。尤其如果有向投資人募資的時候，可能就會遇到很大的困難和瓶頸。

　　總之，從投資相關的現金流量可以看出，當進行投資的時候，使用現金換成所投資的資產；而當處分掉這些投資資產的時候，除了會得到相對應的處分現金之外，也同時會在損益表上面呈現一個處分資產的獲利或損失。但是要特別注意的是，這個獲利和損失，和現金的增減並沒有直接的關係。

3. 籌資現金流：借還款、資本變動

　　第三個企業的主要現金來源，就是向企業以外的人進行籌措，一般主要的方式不外乎就是借還款、還有資本變動。

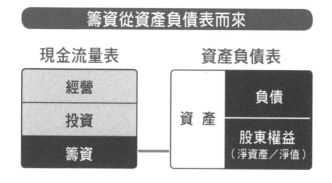

1）借還款

　　不管是向私人、企業或者是金融機構借貸，都是要償還的，而且除了本金之外，還必須支付額外的利息費用。因此，當企業向外借錢的時候，會有現金的流入，但是在這個時候也必須預期在和債權人約定的未來時間點，所需要償還的本金和利息數額，要有能力支付。而當支付這些本金利息的時候，也就是現金的流出。例如在年初的時候借了 100 萬元，並且約定在年底的時候要償還並加計 5% 的利息，所以公司必須在年底的時候要留下 105 萬元的現金償還給借款人，才能避免違約甚至是破產倒閉的風險。

2）資本變動：增資、減資、分紅

　　至於增資則是由新舊股東拿錢直接投資給公司，這時候公司會有現金流入，但是這一筆現金並不像借款一樣，需要有償還的義務。

　　除非公司賺錢了，用分紅的方式發放紅利，又或者是公司用自己的現金買回股東的股份，這個時候公司才會有現金的流出，而這個買回股份的行為也叫做減資。

　　學習完上述三種企業不同的現金來源之後，大概可以進一步把這三種現金來源分成兩類，第一類是公司自己可以掌控的，也就是「**經營和投資的現金流量**」，而第二類是公司比較不能夠掌控的，也就是「**籌資類的現金流量**」。

　　通常在這兩類的現金流量裡面，最重要的莫過於就是來自於經營的現金流量。因為這一部分是屬於公司的主營業務，也是判斷公司是不是可以健康成長的最重要的關鍵。所以當我們常常在說如何評價一個公司的價值，或者是說「估值」的時候，所評價的就是一個公司未來經營的現金流量是不是會持續的成長，而這也就是「自由現金流量」。

　　假設我們要籌資，不管是向金融機構借錢，又或者是希望新舊股東能夠投資，如果能夠展示未來的「自由現金流量」很大，也就是透過經營所流進的現金很多的話，那麼借款人和投資人當然就會有極大的興趣和意願借錢或投資我們；反之，如果不能展示能夠讓未來的經營現金持續增加，還希望別人借錢或投資，那肯定是緣木求魚不切實際的。這也就是為什麼我會特別強調，透過經營得到的現金流入，才是一個企業要特別關注的重點和根本。

| 課後練習 |

如果有一家上市公司，過去幾年的現金流入主要 80% 到
90% 都是來自過去投資土地和房地產買賣所得到的現金
流入，你會投資買他們的股票嗎？為什麼？

_____

_____

_____

_____

_____

_____

_____

_____

_____

_____

■ 運營資金

要準備多少錢才夠日常運營？

三個公式讓你理解如何準備安全的運營資金，輕鬆開心的做生意

▶ 本課重點

- 判斷營運應準備多少資金才足夠的三個公式
  1 生意週期 = 存貨周轉天數 + 應收帳款天數
  2 缺錢天數 = 生意週期 − 應付帳款天數
  3 最低營運準備金 = 缺錢天數 × 每天平均運營需要花費

- 最低營運準備金的管理啟發
  1 流程改善　　2 費用節約　　3 資金控管

假設一個公司每天平均的花費是 1 萬元的話，而未來 90 天都不會有現金收入進來，那麼手邊至少要準備多少的現金，作為最低備用的營運金，才能夠支撐 90 天的運營，直到現金進來的那一天為止。

　　一路學習到現在很清楚的了解到，「現金」是公司最重要的命脈，也是讓公司存活延續的關鍵，可能就有人有疑問，到底應該要準備多少的現金在身邊才是比較妥當安全的呢？

三個公式判斷營運的資金準備

　　當然隨著每一個人或者是每一間公司的風險意識不同，這個答案會有很大的差距，但是在這一堂藉著三個公式提供給大家一個運營資金準備最低水準的參考；同時也可以讓大家理解，在這三個公式之下，是否也有機會提升運營效率，增加運營彈性，並進一步加強遇到風險時，不會遭遇到現金短缺所造成的危機和威脅。這三個公式如下：
　　1. 生意週期　　2. 缺錢天數　　3. 最低備用營運金

1. 生意週期
　　任何企業第一個要了解的是「生意週期」，所謂生意週期

的定義，簡單地說就是從「企業投入資源，到最後把存貨變成商品賣出，然後到收回現金的這一段時間」，我們就叫做是一個生意週期。所以從這個定義可以進一步把生意週期分成兩個階段：

1）賣掉存貨（存貨周轉天數）：第一個階段是從有存貨開始，一直到把存貨賣掉完成交易，這個階段叫做「存貨周轉期間」，又可以說是「存貨周轉天數」。

譬如 A 是買賣業，買了商品和所有相關的配件以及包裝原物料，從買進來那一天起要經過將近 20 天的時間，才會把這個商品賣出去，那麼 A 的存貨周轉期間或存貨周轉天數，就是 20 天。

又如 B 是生產製造業，從 B 把原物料進貨到工廠裡面，一直到成品出貨到賣給客戶完成交易平均是 60 天左右，那麼 B 的存貨周轉期間或存貨周轉天數就是 60 天，也就是將近兩個月。

2）收到現金（應收帳款天數）：第二個階段是從賣出商品的那一天起，一直到收到現金的這一段期間，可以叫做「應收帳款期間」，又或者是「應收帳款天數」。

譬如把商品賣出去完成交易之後，客戶要 30 天之後才會付給現金，那麼應收帳款期間，或者說是應收帳款天數就是 30 天即一個月的時間。如果是現金直接交易，也就是說一手交錢一手交貨的話，那麼應收帳款期間就是等於零。

所以從上面的說明就可以了解，生意週期其實就是存貨周轉天數加上應收帳款周轉天數。

> **生意週期**
> **= 存貨周轉天數 + 應收帳款天數**

　　譬如有一個貿易商，專門進行大哥大配件的貿易銷售，如果從工廠進貨到賣出商品的時間是 60 天，那麼存貨周轉天數就是 60 天；然後客戶經過了 30 天才把貨款給付清，那麼應收帳款天數就是 30 天。

　　而綜合了兩個期間可以知道，從投入資源買進存貨開始做生意，到真正完成交易收到現金整個時間就是 90 天（60+30），也就是整個生意週期是 90 天。

　　透過這樣子的一個公式也可以理解到，如果公司想要提升自己的經營銷售效率，就可以透過縮短生意週期來著手。

　　而縮短生意週期就可以從「把東西賣得更快」，也就是「縮短存貨周轉天數」；又或者是「加快收錢的速度」，也就是「縮短應收帳款天數」，這兩個方式來達到降低生意週期的目的。

　　透過這樣子的分析，大家可以理解到類似菜市場的這些小販們，又或者是每天都進貨新鮮食材的好餐廳；如果每天都把進來的商品給賣光光，而且又立刻收到客戶現金的話，那麼這種的「生意週期」事實上只有一天而已。所以說不要小看這種「小生意」，可是非常具有經營效率的。

　　歸結「生意週期」最重要的意義，因為在這段期間是沒有任何現金收入的，所以，把生意週期縮得越短，就代表除了生

意做得快之外，現金也收得很快，這才是管理上所代表最重要的目標。

2. 缺錢天數

第二個要分享的公式是「缺錢天數」計算的方法，主要的計算公式如下：

> **缺錢天數**
> **＝生意週期－應付帳款天數**
> **＝存貨周轉天數＋應收帳款天數－應付帳款天數**

在前面說過，生意週期的意思就是那段時間是一直沒有收到錢的；但是在這段時間之內取得任何資源不需要付錢的話，那麼就不會缺錢；若在開始做生意的第一天，供應商就要求要把所有的錢都給付清的話，那麼缺錢天數，就會剛剛好等於一整個生意週期。

如果用前面舉過的例子來看，假設存貨周轉天數是 60 天，應收帳款天數是 30 天，那麼生意週期就是 90 天，就是從你投入資源開始做生意，要到 90 天之後，你才會有現金流入。來看看兩種極端的情況：

1）應付帳款天數 =90 天

如果供應商是佛心來著，都願意在交易完畢之後不收現金，直到 90 天之後才需要付款，那麼在帳上就會有一個 90 天才到

期的應付帳款。而且就是因為這個應付帳款天數在 90 天，剛剛好等於生意週期的 90 天；所以在 90 天之後，正好可以用收到的現金支付給廠商，所以也就沒有任何缺錢的危機，因此缺錢天數就等於零。

缺錢天數
生意週期 － 應付帳款周轉天數 ＝ 缺錢天數 60＋30 － 90 天 ＝ 0 天

2）應付帳款天數 =0 天

如果供應商生意非常好，以至於條件非常硬，希望在交易的第一天，就要把所有的款項給付清；也就是現金交易而沒有任何的應付帳款。在這種情況之下，應付帳款天數就等於零，相當於從第一天開始就缺錢了，要一直到 90 天之後這個缺錢情況才會解除，所以說缺錢天數也就是整整的 90 天。

缺錢天數
生意週期 － 應付帳款周轉天數 ＝ 缺錢天數 60＋30 － 0 天 ＝ 90 天

看到這裡可能就有人會說，那如果能夠把應付帳款的天數拉得越長，對自己而言不就是非常有利嗎？就像上面的例子，如果應付帳款的天數超過 90 天，不僅不會缺錢，說不定還可以把沒有付出給供應商的錢放在銀行裡面賺賺利息。

　　這個觀念就邏輯上是通的，但是不要忘記，你把供應商的錢延遲往後付了，那麼供應商要買原物料或做生意的資金就少了，如果你一直這樣對待他，等於也是持續降低他在市場上的競爭力，如此一來，要不是他因為競爭力下降而被迫退出這個市場，要不就是他覺得你不是個好客戶，而不願意繼續跟你做生意，總之這兩種情況都不是我們所樂見的。所以說適當的付款期限對我們有利，而又不至於太過於損及供應商的權益，這樣子的合作關係才會讓雙方得利也才會長長久久。

3. 最低備用營運金

　　最後一個公式就是要來計算最低備用營運金了：

最低備用營運金

缺錢天數 × 每天平均運營需要花費 ＝最低備用營運金

90天　×　　　　1 萬　　　　　＝90 萬

　　其實從上面這個公式可以很容易地理解到，假設一個公司每天平均的花費是 1 萬元的話，而缺錢天數是 90 天，那麼他手邊就至少應該要準備 90 萬元的現金，作為最低備用的營運金，才能夠支撐 90 天的運營，直到現金進來的那一天為止。

　　所以從學到的三個公式，「生意週期」、「缺錢天數」一直到「最低備用營運金」，可以透過循序漸進的方式，了解至少在身邊要準備多少的現金，才避免會有缺錢的風險。

最低營運準備金的管理啟發

而在這個過程當中，還有另外三點很重要的管理啟發：

1. 流程改善

從生意週期到缺錢天數的計算，可以發現有三個重要流程會攸關到底要怎麼去控管這個現金流，分別是「存貨周轉天數」、「應收帳款天數」，還有「應付帳款天數」。所以現金流的管理本身也是一種流程改善的過程，如果能夠隨時關注這三個天數所形成的流程，並加以優化，讓存貨盡量能夠賣得快一點，應收帳款的回收效率高一點，以及在合理的情況下讓應付帳款的時間拉長，那麼就有助於縮短做生意的週期，提高賺錢的效率，並進而降低缺錢的風險。

2. 費用節約

從第三個公式可以知道「每天平均運營花費」是很重要的現金水位準備關鍵，如果每天的花費不要太高，或者是說每天能夠節省一點點，不要小看這種小小的節約，累積到 30 天一個月，又或者是一年 365 天，效果就是驚人的。

3. 資金控管

最後一個就是資金的控管了，很多人看到上面的最低備用營運金之後，很可能就會有疑問，「我手邊的現金是不是只要

準備這個水位就夠了？」

　　答案是：「當然不！」

　　這個標準只是提供大家一個基本的參考，真正的價值是整個檢視的過程，以及讓我們知道怎麼優化流程並降低不必要的花費。

　　除此之外，每家企業對於現金風險的意識不同，所以當然可以選擇保留不同水位的現金在企業手裡。譬如缺錢天數是 10 天，為了保守起見，可以保留 20 天到 30 天的現金水準。

　　尤其保留長一點的時間有另外一個好處，就是當你發現未來的現金有可能不夠的時候，你會提前警示到你需要早一點籌措資金，不管是向金融機構借錢也好，又或者是向股東籌資也好，這都是需要準備時間的。因此保留多一點的彈性讓自己可以為現金不足做準備，也是很重要的管理做法。

課後練習

如果你每天平均花費不變，但是你希望降低「最低營運備
用金」，你可以怎麼做？

■ 現金體檢

可相信財務報表不會造假嗎？

三個重點學習，避免被造假迷惑，並完善現金管理幫助企業成長

▶ 本課重點

- 現金「歸類和品質」很重要，容易被誤導的三種現金歸類
  錯誤現象
  1 將存貨融資當成經營管理現金流量
  2 透過關係人交易將實際上的融資變為經營管理現金流量
  3 透過應收帳款的融資當成經營管理的現金流量

- 觀察現金品質好壞時的三個重要準則
  1 現金的多寡　　2 現金的波動　　3 現金的來源

你和一家大客戶做生意，在帳上有 100 萬元的應收帳款，收款期限是 6 個月，但是因為需要用錢，所以你把這 100 萬元的應收帳款去向金融機構借了 50 萬元的現金，並且約定三個月之後償還 55 萬元（含 5 萬元的利息）。但是你把借來的 50 萬元放到經營管理的現金流入，這會產生什麼問題？

在前面課程裡，曾經分享過「損益表」和「資產負債表」是比較容易有人為操作，並造成投資管理決策上的錯誤判斷。

譬如損益表的收入是來自於賒銷，那麼在現金沒有收到的情況之下，你就很難判定這是客戶真的積欠公司貨款，還是公司蓄意和客戶串通虛報收入，並和客戶商量好在一段時間之後，用銷貨退回的方式把這樣子的收入給抵消掉。

這種目的可能是要騙取投資人的投資，或者是刻意要拉抬股價進行不正當的股票交易；又或者是資產負債表裡面修改固定資產的折舊年限，讓折舊費用變動的情況之下，去影響公司的獲利情況。

諸如此類都是單看一張報表的資訊，很可能會被欺瞞隱匿，或者弄虛作假的情況發生，也因此我們一直特別強調三張報表是一定要一起看的，尤其是現金流量表，明確記錄著現金的流

進流出是比較不容易有人為操作的空間。

　　但是在這一堂課要來跟大家分享的，是要特別強調雖然現金的數字和金額不容易被造假，就算現金流量表上面有疏失，但是看了銀行存摺還是可以知道公司的現金狀況。可是現金的數字雖然不容易改變，但是「分類」也是在管理決策上面非常重要的依據。

現金流量表

現金的三個流量

| 經營 |
| 投資 |
| 籌資 |

　　還記得前面曾說過的三種主要分類，包括「經營的現金流量」、「投資的現金流量」，還有「籌資的現金流量」，這三種裡面，經營的現金流量才是公司最有價值的來源，如果這部分的現金流量持續穩定而且健康的增長，這時候對於外部的投資人或者是借款人而言，才比較容易放心的把錢借給公司或者是投資進來變成股東。

　　像我自己的第一份工作在台積電，其十大經營理念第一條就是「專注本業」，主要的關鍵也就是告訴所有人台積電會心無旁騖地專注在晶圓代工這一塊，並降低經營管理上面的風險。

容易被誤導的三種現金歸類錯誤現象

　　就企業的角度而言，如果需要外部資金的投入，就必須呈現自己的本業，或者是經營的現金流量是安全無虞的；而如果實際的現金來源並非是經營而來的，那麼在這種情況之下，公司就有可能把現金流入做不正當的重新歸類，讓外部投資人或借款人誤以為大部分現金來自於健康的經營管理。一般而言這樣子的情況主要有三種：

　　1. 存貨借款　　2. 關係人交易　　3. 應收帳款借款

1. 存貨借款

　　第一種叫存貨借款，又或者是存貨融資；其實概念很簡單，就是把存貨當成是抵押品，而向金融機構去借錢。

　　當然在一般的情況之下，存貨的價值很難衡量，尤其是如果存貨本身是有很大跌價風險的商品，一般的銀行或金融機構是不會把它當成抵押品來借錢給公司的。

　　但如果說存貨是貴金屬或是流動性高的大宗商品，這個時候它本身的變現性高，而且價值容易衡量，那麼就有可能用存貨抵押的方式向金融機構去借款融資。

　　舉個例子，有一批 100 萬元價值衡量的存貨，把它賣給金融機構，甚至是地下錢莊，然後拿了 80 萬元的現金回來，但是附帶了一個合約條款，就是在三個月之後要再把存貨用 85 萬元給買回來。大家發現了嗎？這筆交易事實上並不是真的買賣交

到底是銷貨還是借錢？

易，而是一個用存貨抵押借款的交易。

　　公司用 100 萬元價值的存貨抵押給金融機構，然後借了八成的現金；過了三個月之後，再用 85 萬元給買回來，等於是三個月內借了 80 萬元的本金，然後還了 5 萬元的利息，這才是整個交易行為的本質。

　　沒錯，這就是「借貸」。

　　但是如果公司要刻意造假的話，就很有可能把這個 80 萬元放在公司的銷貨收入上面，這麼一來這 80 萬元收到的現金，就會立刻被歸類在經營的現金流量上面，那麼對於外部的股東或是投資而言就會是一個「利多」的訊息，也就有可能投資這家公司買入其股票。

　　但實際上這筆交易在三個月之後會被取消，而同時現在發生的收入也會被打回原形，所以到時候投資人就有可能蒙受重大的損失，因此這種將現金故意錯誤歸類的方式，本質上就是一種詐欺，雖然現金流量的數字很容易判定，但是針對現金流

量的來源，以及到底是如何被歸類的，身為外部的投資人或借款人在給錢之前也是必須要格外謹慎小心的。

2. 關係人交易

第二種情況就是透過關係人的假交易來進行現金的虛增，簡單來說就是透過關係人之間的「假交易，真借貸」的行為，來虛增自己的經營現金流量。

假設一家母公司，今天用折扣賣了一筆 100 萬元的貨給子公司，一共是收到現金 80 萬元，然後過了一個月之後，子公司用品質不佳的理由，要求退貨，然後還加上 5 萬元的賠償損失，所以母公司就收下了這筆銷貨退回，並支付了 85 萬元給子公司。

不明就裡的人可能在第一筆交易完成的時候，因為母公司收入增加了 80 萬元，而經營的現金流量也同時增加了 80 萬元，而認為經營績效不錯，但實際上這不過只是母子公司關係人之間的一種借貸行為。同樣的這 80 萬元是借款本金，而一個月後多支付的 5 萬元，則是利息費用。所以說類似這種「明修棧道，暗度陳倉」的欺瞞做法，如果純粹只相信公司的現金流量和其呈現的財務報表是很容易就落入陷阱，增加投資風險。

3. 應收帳款借款

第三種叫做應收帳款借款，也就是說用應收帳款當成是一種抵押，向金融機構借錢，所以這個時候你收到的錢，並不是

從客戶那裡收回來的，所以當然就不能夠列入經營的現金流量，實際上是由金融機構那邊透過應收帳款抵押借來的，所以應該是屬於籌資的現金流量。

　　例如你和一家大客戶做生意，在帳上有 100 萬元的應收帳款，而當初的收款期限是 6 個月，但是你現在需要用錢，所以把這 100 萬元的應收帳款去向金融機構借了 50 萬元的現金，並且約定三個月之後償還 55 萬元，也就是三個月後支付 5 萬元的利息。在這種情況之下，理論上你收到的這 50 萬元現金是屬於借款的現金流入，但是如果把它放到經營管理的現金流入，也就是把它當成額外收入的話，那麼這樣子的分類就屬於欺瞞不實了。如果只是不小心的錯誤歸類還情有可原，如果可以把這種「虛增」的收入當成是業績的提升，報告給外部的借款人或投資人，來取得增資或貸款的話，那就是明顯的詐欺。

　　透過上面三個案例和三種不同錯誤現金歸類的方式，想讓大家知道，雖然現金流量的總體數字，還有現金存摺上面的進出餘額是不容易造假的；但是透過「存貨」、「關係人交易」，還有「應收帳款」等融資所得到的現金流量，很可能被錯誤歸類，變成是「假交易、真借貸」，並造成外部投資人的錯誤決策，以為公司經營狀況很好，而進行了投資或借款。所以當我們在觀察現金流量的時候，除了觀察現金的「量」，現金的「質」也是不容忽視的。

觀察現金品質好壞的三個重要準則

在此提供三個在觀測現金的時候，需要特別注意的屬性，可以幫忙提升對於現金品質的判斷：

1. 多寡　2. 波動　3. 來源

1. 多寡

第一個需要觀察的屬性，其實就是現金的「多寡」，也就是數量。

先不要管歸類如何，「量」還是最重要的，所謂現金為王，只要手邊有足夠充分的現金，就有活下去的本錢，和足夠應對未來的資源。

但這個數量有一點需要特別關注，就是不能夠只單看現金流量表上面的數量，更要隨時關注「存摺」上的數字，或是銀行帳戶的數字。因為公司報表上面的數字和實際的現金流量還是會有一段「時間差」，所以公司內部的財務人員、主管甚至是老闆，每天都要對銀行帳戶做一次確認，這樣子一個簡單的習慣就可以確保對現金數量能夠有著充分掌握的能力。

2. 波動

第二個需要注意的就是現金的「波動」，就像商業的景氣循環，還有做生意的大小月一樣；現金收付的流動性，也會有一定的波動性；如果波動性有一定的「規律」，那麼對於企業

在管理現金方面就不會有太大的風險，因為公司可以預先做好對現金的預測和現金計畫的安排。

　　同樣的就外部的投資人或借款人而言，可以根據觀察公司過去現金的波動性，去理解企業的商業循環是否健康，又是否可能會有不正常的波動而讓公司有舞弊或欺瞞的情事發生。

3. 來源

　　最後一個就是現金的「來源」了，這個在前面都說過，現金主要的來源有三個，分別是「經營、投資和籌資」，在這三個裡面最重要的當然就是經營來源的現金流量，因為代表著公司主營業務商品或服務交易的活躍程度，當經營活動的現金流量持續不斷成長的時候，就代表公司的業務蒸蒸日上，而且賺錢的能力和收錢的能力都非常的強。

　　其實當經營活動的現金流量強的時候，也會讓籌資更為容易，進一步帶動借款人的借款意願或者是說股東的投資意願。

　　這也就是我常喜歡說的，當你賺錢的時候，要去籌資就相對容易；如果你不把心力放在自己的本業上面，還想靠籌資讓別人來幫助你，雖然不是不可能，但是是很容易事倍功半的。

　　當然也就是因為經營來源的現金流量如此的重要，所以在看待現金來源結構的時候，就要特別謹慎看看是不是有「錯誤歸類」的情況；就像這一堂前面舉的幾個例子，把借款融資的現金流入當成是經營的現金來看待。

　　總之，如果能夠針對現金的這三個屬性，「多寡、波動和來源」認真分析和觀測的話，對於一個公司實際經營的狀況和趨勢，應該就可以有比較好的掌握了。

課後練習

關注現金的「多寡、來源和波動」三個重點，你覺得哪個是最重要的？為什麼？

_____

_____

_____

_____

_____

_____

_____

_____

■ 現金利潤

沒有利潤生意可以做嗎？

兩種成本觀念，協助你絕處逢生的定價模式

▶ 本課重點

- 平時賺錢：會計利潤大於零；
  不景氣時賺現金：現金利潤大於零。

- 辨識現金利潤的兩種成本
  1 現金成本：攸關成本　2 非現金成本：非攸關成本（沉沒成本）

- 三種在沒有利潤，但有淨現金流入的情況下也會交易的情況
  1 過季清倉商品　2 導流引流商品　3 景氣循環過冬

一片半導體晶圓（Wafer），成本是美金 800 元，但是客戶的報價低到美金 600 元，這樣的訂單是不是該拒絕？

　　在講到現金的最後一章的時候，我們來聊聊一個非常有趣的問題，就是「沒有利潤的生意可以做嗎？」我想很多很多人的答案一定都是：「郝哥你不要開玩笑了，沒有利潤的生意誰會做呢？」

　　不是有一句老話說得好：「殺頭的生意有人做，賠錢的生意沒人幹」；所以說「利潤」必須是做生意的前提條件。

　　但是又有另外一句話說得好：「沒有賣不出去的商品，只有賣不出去的價格。」在我們周遭很多場合，也不乏很多為了現金降價求售的情況。甚至可以明顯感受到，商家賣出價格已經低於商品成本，也就是沒有利潤了，那麼這種情況到底是怎麼樣產生的，而這種交易是真的完全沒有「效益」了嗎？

　　談到「利潤」這兩個字的時候，很直覺的就是想到「收入」扣掉「成本」之後剩下來的，就叫做利潤；如果單就一個商品而言，這個收入就是賣價，也就是它的價格，而「成本」呢，則是這個商品我們所投入的所有資源。

　　而這個「成本」，就是在此要特別強調說明的重點了。

辨識現金利潤的兩種成本

　　就財務會計的制度而言，只要是投入到商品上面的資源，就都是成本，理論上一定要賣價超過成本，公司才會有利潤，這個生意才可以做。但是在實際經營時，要考量的可能會跟會計上定義有所不同；簡單地說，只要「現在投入的現金，能夠換回更多的現金」，有的時候就是可以做的生意。

　　大家可能發現到，這邊用的是「現金」，而不是「成本」，這就是最關鍵的部分，也就是說，除了一些傳統成本的分類之外，這邊要特別提供給大家一個定價決策的成本分類，也就是：**現金成本、非現金成本。**

　　舉幾個例子，假設我們的產品賣的是馬克杯，而一個馬克杯的成本是 100 元，其中有 30 元是馬克杯生產設備的折舊費用，另外 70 元是相關的原材料和每次製作所要投入的人力成本。在下面的三個案例當中，來看看現金成本和非現金成本是怎麼樣影響定價的。

例一：生產設備和原材料及人力都還沒有投入

　　在第一個案例中，所有的設備、原物料和人力都還沒有投入，就代表沒有花任何一毛錢，在這個情況之下，如果要賣馬克杯，它的價錢一定要高過 100 元，我才會願意做這筆生意；換句話說，在我決定投入設備、原物料和人力之前，這所有的

成本對我而言都是「現金成本」，如果這個賣價不能高過現金成本，讓我做生意可以有「淨現金流入」的話，我是不會做這筆生意的。

例二：生產設備已經採買，但原物料和人力還沒有投入

在第二個案例裡，生產設備已經採購了，所以 30 元折舊費用已經是「非現金成本」，或者說是「沉沒成本」了。在這種情況下，如果決定要再做一個杯子，需要額外付出現金成本就是 70 元，所以能夠接受最低價格就是 70 元。

因為只要是高過 70 元，就可以讓交易產生「淨現金流入」，但是如果這個價格是大於 70 元，卻小於總成本的 100 元，那麼就算有淨現金流入，我還是虧損的。這也就是雖然沒有利潤，但仍然是值得做的生意。

例三：馬克杯商品已經完成

第三個案例代表所有的商品成本都已經投入完成了，換句話說所有的成本已經轉化成為存貨成本；在這種情況之下，每一個馬克杯的成本都已經是非現金成本，在假設沒有任何其他需要投入的費用情況之下，任何的賣價對我而言都可以帶來「淨現金流入」，也就是說整個存貨成本已經都是沉沒成本。

所以，如果非常缺錢而急於「變現」的話，只要能賣得出去，再低的價格都可能驅使我成交。

	生產設備	原材料	人力	決策
例一	×	×	×	定價高於成本 100 元才做
例二	∨	×	×	定價高於 70 元才做
例三	∨	∨	∨	只要能賣得出去 再低的價格都可以

×：代表現金尚未投入　　∨：代表現金都已投入

　　透過上面三個案例，比較有清楚的概念，就是「利潤」和「淨現金流入」的決策情境和定價模式是不一樣的。

沒有利潤，
但是有「淨現金流入」的三種情況

　　在一般的商業環境當中，價格大於所有成本並追求利潤是合乎邏輯的定價策略。但是隨著企業營運的投資，已經投入的部分，就會變成「非現金成本」，也就是前面曾經學過的「沉沒成本」；在這種情況之下，為了求生存，又或者是為了特殊的策略目的，有的時候企業會只在乎「現金成本」。

　　所以只要定價大於現金成本，而能取得淨現金流入，就會允許這樣子的交易發生。而就企業而言，在會計的損益方面，可能就是沒有利潤的。下面分享一般在業界，可能會碰到沒有利潤，但是有「淨現金流入」的三種情況：

　　1. 過季清倉商品　2. 導流引流商品　3. 景氣循環過冬

1. 過季清倉商品

　　大家一定常常在路邊會看到一些流動攤販，不管是堆得像小山一樣的衣服、褲子和外套，又或者是各種琳瑯滿目的皮夾或包包，常常是用非常低的價格，譬如說幾十幾百元的殺價求售，來吸引路人或客戶的注意。又或者是我們去市場或夜市逛街的時候，會看到很多手機的皮套、手機殼，滿坑滿谷用 5 元、10 元這種銅板價讓你想帶多少就多少。

　　其實這種價錢顯而易見的，很多都低於它的產品成本，而基本上本質跟我們常常看到的「Outlet」是一樣的。什麼叫做「Outlet」呢？就是「過季清倉商品」。

　　不管是一些知名品牌獨立的 Outlet 店面也好，又或者是常常在逛大賣場的時候，有好多不同品牌的 Outlet 都聚集在一起，這些商品的價格有很多都低於原有的商品定價甚至明顯低於成本。譬如原來幾千元一雙鞋，現在可能 1/2 或 1/3 的價格就可以買到，甚至一些零碼的款式，價格更是低到你不可置信。

　　這些過季清倉的商品，實際上整個商品的成本幾乎都已經是非現金成本，也就是沉沒成本了，就像前面案例三一般，其實這個時候不管訂出多少的價格，對商家而言都可以帶來「淨現金流入」。

　　所以與其放著這些過季清倉的商品，在公司內部佔著空間，而且還需要花成本來管理，倒不如用一個超越期待令人驚艷的低價把它賣出；如此不僅可以降低公司的管理負擔，還可以立

刻變現，為公司帶來或多或少的現金流量。而且通常這種商品，放得越久價值越低，所以能夠盡早賣出，就算低價也是好價格。

2. 導流引流商品

　　第二種商品比較特殊，它本身的目的不是賺錢，只是要吸引客人。所以只要價格能夠和現金成本差不多，而這個價格低到可以吸引客人來店裡面光顧，並進而讓客戶去買其他的商品，這些其他的商品有比較好的利潤，那麼這種商品就叫「導流引流的商品」。

　　這個例子是我在大陸工作的時候，有一段時間待在四川成都，所有同事都非常喜歡到一個小菜館裡去聚餐吃飯。後來我才發現原來這家餐館，有一個非常有名的招牌菜，叫做「麻婆豆腐」。你可能會說郝哥，你嘛幫幫忙，麻婆豆腐在四川成都哪能叫做招牌菜，放眼望去應該到處都是才對吧？

　　話是沒錯，但是稍微了解一下才發現，其他餐廳裡的麻婆豆腐都是 12 到 15 元人民幣，只有這家的麻婆豆腐是一大盤 5 元人民幣。隨便算一算食材人工，也差不多就是這個成本，所以這道菜根本是不賺錢的。

　　可是就是因為這道「超低價」的麻婆豆腐，讓一堆客人聞風而至，所以常常在用餐時刻都是高朋滿座，可以想見的是，如果一群同事去那邊用餐，怎麼可能只點了一盤麻婆豆腐？當然是點完這一盤必點招牌菜之後，又加點了一堆川味佳餚。

　　而這其他的山珍海味當然就不是這個樣子的「實惠」了，

甚至有些還是必點的招牌「貴」菜；所以這就很清楚的知道羊毛出在羊身上，麻婆豆腐的不賺錢，已經在其他的菜上面給連本帶利賺回來了。這也就看得出來，這種導流引流的商品「犧牲打」所帶來的實質效果。

3. 景氣循環過冬

第三種情況就是商品碰到了景氣循環的冬天來臨，也就是經濟不景氣的時候，整體市場都非常的低迷，又或者是供過於求，造成價格崩跌，所可能採取的一種定價策略。

例如我以前待過的半導體產業，常常就會因為競爭者同時生產的數量過大，但是市場上需求又沒那麼多，以至於造成價格大幅的下滑。在這種情況之下，就算報價沒有辦法高過所有的成本，並獲取利潤，但是只要能超過現金成本，也就是會有「淨現金流入」，公司就會接受這樣子的訂單。

比方一片晶圓（Wafer），也就是半導體的產品，成本是美金 800 元，但是客戶的報價已經低到美金 600 元了，乍看之下如果做了這筆生意，就會虧損美金 200 元，你應該是要拒絕這筆訂單才對。

但是分析了一下 800 元的成本結構，發現其中一半的成本，也就是 400 元，事實上是不需要額外花現金的折舊費用，而另外 400 元才是需要現金支出的原物料和人工成本；換句話說如果你接受了這 600 元的報價，看起來損益表上面是虧了 200 元，

但是事實上會讓你為企業掙進了 200 元的淨現金流入，所以做這筆生意對企業而言是值得的。（案例）

案例　景氣循環的過渡商品

案例分享	**成本** **800** 元
半導體晶圓（Wafer）	**400** 元為**攤提費用**（非現金成本） **400** 元為**實際費用**（現金成本）

報價 **600** 元

實際虧損 −200 元（600-800）
現金利潤　200 元（600-400）

因為在這個案例裡面，折舊費用是非現金成本，也是屬於和決策無關的沉沒成本，只要這個訂單對公司的「現金增加」有利，這個時候就該選擇接受這筆生意。

所以透過這三種情況的分享，我想大家就可以理解在一開始問大家的問題，「沒有利潤的生意也可以做嗎？」

答案是：「可以的！」就算沒有利潤，在一定的情況下，只要能有淨現金流入，這樣子的生意也能做。這也再次印證我們一直以來強調的，損益表並不是財務管理唯一的決策報表，一定要搭配著資產負債表和現金流量表三張報表，一起規劃、一起檢視，才能避免狹隘的決策視角所帶來的管理風險。

課後練習

反正非現金成本是沉沒成本，我是否可以把定價只要以高於現金成本就好了，只賺現金利潤？

■ 三足鼎立，強化競爭

三張報表是體檢表、成績單 也是目標

三個視角，缺一不可；三張報表輔助三點建議強化未來競爭力

▶ 本課重點

- 三表的總複習
  1 現金流量表：關注現金流量，現金管理能力
  2 損益表：關注企業獲利，生產和銷售能力
  3 資產負債表：關注公司價值，經營管理能力

- 提供三個操作建議，協助經營者強化企業競爭力
  1 結合滾動預算　　2 關注運營數字　　3 動態分析差異

財報三表

損益表	資產負債表	現金流量表

損益表
收入
費用
淨利

資　產	負債
	股東權益 （淨資產／淨值）

現金流量表
經營
投資
籌資

　　財務管理三張報表一路學過來之後，一定可以很明顯感覺到，每一張報表對企業都有著不同內涵，而且三張報表互相之間又是息息相關、相依相存，不可或缺。

　　像現金流量表是現金進出的情況，一個企業必須要有現金這個重要的資源才能夠「活得下」，而現金流量表協助觀察的就是隨時看看自己「夠不夠錢」，並且要認真提升自身的「現金管理能力」。

　　而損益表是看待公司獲利情況，一個公司必須要能夠持續不斷獲利才能夠「活得久」，所以說「賺不賺錢」就是損益表最重要顯現的意義，提醒企業的就是要強化自己的「生產銷售能力」。

　　最後資產負債表就是持續不斷檢視公司價值，又或者是說公司的淨資產或淨值，唯有當企業淨值越高的時候才能夠真正「活得好」，也才能顯示出企業到底「值不值錢」，以及團隊是否確實有著優異的「經營管理能力」。

　　所以這三張報表可以說是企業的「健康檢查指標」，又可以說是引領航行的儀表板，因為不管是所代表的意義、目的，又或者是所需具備的能力（如下表所示），都是非常全面且缺一不可的，這也就是為什麼說三張報表是三足鼎立，且能讓公司站得穩、站得好的重要關鍵。

三張報表	目的	意義	能力
現金流量表	活得下	夠不夠錢	現金管理能力
損益表	活得久	賺不賺錢	生產銷售能力
資產負債表	活得好	值不值錢	經營管理能力

　　因此在最後一堂課，特別提供三個執行建議，可以搭配著這三張報表，在日常的管理活動當中，隨時檢視、隨時分析、隨時調整修正，讓公司競爭力透過這樣不斷精進，越來越好越來越強。這三個主要的執行建議分別是：

1. 結合滾動預算　　2. 連結運營數字　　3. 動態分析差異

1. 結合滾動預算

　　滾動預算英文叫做 Rolling Forecast，就是持續不斷往前滾動，一直不停的做預測、做計畫。事實上，每一間公司在年底的時候除了回顧今年的經營績效之外，都需要對下一年度進行經營的計畫，這也就是我們常說的「做預算」或者說「預算規劃」。

所有的預算一定都是從「銷貨收入」的計畫開始，因為有了這樣子收入的假設，才會有相關的銷售活動以及生產的投入，而這些相關要付出的資源就是對應的成本，有了收入跟成本之後，損益表的計畫就算完成。

如果所有的收入跟費用都是透過現金直接流進流出的，那麼預測現金流量表也幾乎可以同時完成；但是就像前面曾經說過的，交易完成的時間，和現金收付的時間通常會有時間差，因此也要把這些時間差重新規劃到現金可能的進出時間裡面，才得到比較貼近事實的現金流量表的預測。

而透過這樣子的預測，可以看一看是不是會有資金短缺的情況發生，如果有的話，那麼就要在現金流量表的計畫裡面事先規劃籌資活動的進行，不管是向銀行借款也好，或者是向股東們尋求增資，都必須在資金短缺之前開始運作，以確保籌資的現金能在短缺前到位。

而到最後所有經營成果的成績單就會彙整顯現在預測的資產負債表裡面，譬如淨資產是不是如同預期般的成長？有沒有過多的存貨或者是應收帳款留在帳上？又或者是借款或者是負債比率有沒有下降？

當預算做出來之後，其實就是將預估的三張報表彙整呈現在我們的眼前；看看這樣子的計畫是不是符合我們心目中的目標，而如果要達成這樣子目標的話，又要付出什麼樣的努力和工作，才能夠確保這個預算計畫能夠盡量被達成。

　　這個就是我們常說的年度計畫或者說是「年度預算」，通常在年底做出來之後，就要讓所有董事會同意、股東認可，然後讓所有的團隊朝著一致的目標努力邁進。

　　既然是計畫，就一定會有變化，所以我們常開玩笑講說：「計畫趕不上變化」，就是這個意思。當時間持續不斷往前走的時候，當然計畫也會一點點不斷地被落實；但是外在環境也會持續不斷地變動，因此我們的計畫，應該也相對要不斷地被調整。

　　譬如策略方向不對了，收入看起來沒有辦法達到預期，那麼這個時候就應該縮減人力、減少支出，以避免造成過多的損失。相反地，如果說是景氣大好，又或者是說有超越原來預期的生意機會，那麼就應該趁勝追擊，就算臨時籌資也要拼命抓住賺錢機會。

　　類似這個樣子的隨時觀察隨時修正，就需要建立「滾動預算」的機制。

　　換句話說當年度預算做完之後，開始進入到平常業務的執行，這個時候還是必須隨時關注未來「市場脈動」和可能的「經濟變化」，看看是不是符合當初年度預算的假設，並且針對任何發生變化的變數重新輸入到三張報表裡面，讓它呈現更新的狀態，並且看看是不是要做任何商業上的修正。

　　而這個滾動預算修正的頻率，可以每半年做一次、每季做

一次、每月做一次，甚至每週做一次。當然如果做的頻率越高，所花的人力資源和成本也會越高，但是相對的對於未來及預算的掌控度也會更高，那麼就會避免對市場誤判的風險。

像我在台積電工作的那段時間，這麼大的公司和這麼複雜的市場變動環境，這家台灣指標性的企業竟然是每個禮拜做一次滾動預算（Rolling Forecast），而且是持續不斷往後預測 18 個月，也就是一年半的市場脈動，而這麼樣高頻率長時段的滾動預算，在經年累月的刻意練習之下，自然而然對市場產業的掌握度就勝人一籌；更重要的是，等到每年年底要出年度預算的時候，台積電事實上早就胸有成竹，比別人更能掌握未來的方向；畢竟別人是做一年的預算，而台積電是做一年半，而且週週做啊。

2. 連結運營數字

持續不斷地滾動預算，是透過更新的市場資訊，適時調整公司的經營策略和方向，主要的關鍵目的是要「修正」運營活動。譬如銷貨收入不如預期，如果是因為業務人員沒有即時的到位，那麼這個時候就應該督促人力資源部門在日常的管理活動裡面，加大招聘的力度；如果是業務人員接單能力沒有達到水平，那麼就要看看是不是培訓的工作沒有完成，以致於銷售人員沒有具備應有的技能；同時在這個時候，還要減緩生產製

造的產出計畫，避免存貨水準過高，最後形成滯銷並造成資金積壓的窘境。

又或者是如果發現在不久的未來，公司的現金會有短缺或是緊張的情況發生，除了向金融機構借款或要求股東增資之外，應該先從向客戶收錢著手，也就是把應收帳款給收回來，不管是讓財會人員或者業務人員殷勤地向客戶催款，又或者是給予客戶具吸引力的現金折扣讓他提前還款，這都是「求人不如求己」應該有的作為。

而這上面兩個案例，主要是告訴大家，財務的預測和修正不是做給財務人員看的而已，財務人員透過財務數字呈現修正的目標，但真正的過程和方法是要透過所有部門的運營單位一起努力才有辦法達成的。這也就是為什麼說滾動的財務預算，要連接運營的活動和運營的數字，最後才能夠真正反映在我們想要的最後財務結果上面。

3. 動態分析差異

就算持續不斷針對未來的變化做滾動預算，而且也把財務數字連接到所有的日常運營活動上面，但是在執行的過程當中，實際成果一定會和原來的計畫有所差異，這是必然會發生的，只是差異的多少而已。

　　也因此在這樣的情況之下，我們就必須隨時動態的去分析這個實際和計畫差異的「原因」，才能避免在修正計畫的過程當中，沒有考量到根本的原因，而誤判了應該投入的資源和人力。

　　就像前面曾經學過的銷售漏斗公式，假設要賣一個商品，一開始計畫是放在便利超商的通路，並預計便利超商每天人流量是 1,000 人，轉化率是 2%，也就是每天每家超商會有 20 個人購買，平均客單價是 250 元，換句話說，每一間便利超商每天的收入假設就是有 5,000 元。

每家超商每天銷貨收入

每間 1000 人，20 人買，單價 250 元

= 流量 × 轉化率 × 客單價

= 1,000×2%×250

= 5,000

　　那如果我先試點十家便利超商，理論上根據我的計畫，每天應該就平均會有 5 萬元的收入（5,000× 10）。

　　但根據實際觀察的情況是，每天的收入竟然只有預期的一半，也就是 2 萬 5 千元，那麼我就要非常動態即時的去分析這個差異的原因。因為有可能是平均人流量只有原來計畫的一半（500 人），又或者是轉化率是原來的一半（1%），也有可能是客單

價是原來的一半（125 元），更有可能是上面這幾個原因混合造成的結果。又或者是有些超商達標，有些超商遠遠落後預期。

　　不論是什麼原因造成的結果，要做的事情不外就是兩個：

　　（1）改變通路策略：如果確定漏斗公式的變數不容易做任何的調整，那麼可能就和通路商討論降低通路成本，以保證獲利；如果通路商不願調降通路成本，有可能沒有辦法賺錢，或許就要考慮放棄便利超商這條銷售通路的模式。

　　（2）改變行銷策略：如果上面的變數是可以改變的，不管是流量、轉化率，或者是客單價；那麼就可以調整行銷的客戶導流方式、提高轉換率，或是提高客單價的方案等等，以期達到原先計畫的收入目標。

　　總之，「滾動預算」、「結合運營」和「差異分析」，是三個可以持續不斷檢視自己，強化競爭力的做法。

　　而三張報表「損益表」、「資產負債表」和「現金流量表」就是在這個做法的過程當中，幫助我們的儀表板、指南針，讓我們隨時調整即時修正，並持續保持在企業想要前進的航線上，穩定達成目標。

　　所以善用三張報表，自律不懈持續進行這章提供的三個執行建議，相信在經營自己或企業的道路上，可以走得更順、走得更好。

課後練習

盤點一下自己的資產（房子、車子）和貸款，就可以得到你的「淨值」「淨資產」；做一下每個月的損益表，每月的收入和費用，就得到目前的淨收入。設定一個你未來一年、五年、十年的「淨值」「淨資產」目標，要怎麼達成這個目標？

國家圖書館出版品預行編目資料

好懂秒懂的財務思維課：文理系看得懂、商學系終於
通，生存賺錢一定要懂的 24 堂財務基礎 / 郝旭烈 著
. -- 初版 . -- 臺北市：三采文化， 2020.05
　面；　　公分 . -- （Trend：62）

ISBN 978-957-658-358-2（平裝）
1. 財務報表 2. 財務分析
495.47　　　　　　　　　　　　　　　　109005772

suncolor
三采文化集團

Trend 62

好懂秒懂的財務思維課

文理系看得懂、商學系終於通，生存賺錢一定要懂的 24 堂財務基礎

作者｜郝旭烈
副總編輯｜郭玫禎
美術主編｜藍秀婷　　封面設計｜李蕙雲　　內頁排版｜周惠敏
行銷經理｜張育珊　　行銷副理｜周傳雅

發行人｜張輝明　　總編輯｜曾雅青　　發行所｜三采文化股份有限公司
地址｜台北市內湖區瑞光路 513 巷 33 號 8 樓
傳訊｜ TEL:8797-1234　FAX:8797-1688　　網址｜ www.suncolor.com.tw
郵政劃撥｜帳號：14319060　戶名：三采文化股份有限公司
初版發行｜ 2020 年 5 月 29 日　定價｜ NT$400
　10 刷｜ 2024 年 4 月 15 日

suncolor